MATLAB 程序设计及其应用

◎ 李润生 刘志君 主　编
陈　锐 桂建国 副主编

清华大学出版社
北　京

内容简介

本书以仿真软件MATLAB/Simulink为基础，主要针对电气工程和自动化等相关专业的实际应用问题，采用理论讲解与实例应用相结合的方式，系统介绍了自动控制原理、电力电子技术、电力拖动控制系统、继电保护等专业课程的相关理论知识，并通过MATLAB仿真加以验证。

本书具有实用性和可操作性强的特点，通过实例由浅入深地介绍MATLAB的技术与使用经验，帮助读者轻松掌握MATLAB仿真技术，高效解决科研与学习中的实际应用问题。

本书适合高等院校电气工程、自动化等电类专业的本、专科生使用，也适合从事相关技术研究的科技人员使用。

图书在版编目(CIP)数据

MATLAB程序设计及其应用/李润生，刘志君主编. —北京：清华大学出版社，2021.1（2025.8重印）
ISBN 978-7-302-56362-4

Ⅰ.①M… Ⅱ.①李… ②刘… Ⅲ.①Matlab软件—程序设计 Ⅳ.①TP317

中国版本图书馆CIP数据核字(2020)第167191号

责任编辑：王剑乔
封面设计：刘　键
责任校对：李　梅
责任印制：丛怀宇

出版发行：清华大学出版社
网　　址：https://www.tup.com.cn，https://www.wqxuetang.com
地　　址：北京清华大学学研大厦A座　　**邮　　编**：100084
社 总 机：010-83470000　　**邮　　购**：010-62786544
投稿与读者服务：010-62776969，c-service@tup.tsinghua.edu.cn
质量反馈：010-62772015，zhiliang@tup.tsinghua.edu.cn
课件下载：https://www.tup.com.cn，010-83470410
印 装 者：三河市龙大印装有限公司
经　　销：全国新华书店
开　　本：185mm×260mm　　**印　　张**：11.25　　**字　　数**：268千字
版　　次：2021年3月第1版　　**印　　次**：2025年8月第3次印刷
定　　价：39.00元

产品编号：069136-01

前言

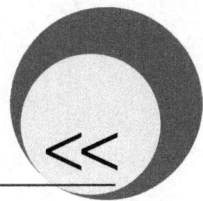

MATLAB 是一种集数学计算、分析、可视化等功能于一体的仿真软件平台，通过 MATLAB 及相关工具箱，用户可以在统一的平台下完成相应的科学计算工作。MATLAB 历经 20 多年的发展，几乎每年都有新的版本推出，对其不断充实和改进。本书以 MATLAB R2017a 为基础，介绍了 MATLAB/Simulink 的基础知识及其常用的工具箱，以及 MATLAB/Simulink 在自动控制系统、电力电子和电力系统中的应用。

本书依托华邦电力科技股份有限公司的电力系统半实物试验仿真平台，按照教育部本科电气工程及其自动化等专业的教学大纲以及企业培训需要编写而成，为国内外高校师生和企业研究部门的科研人员进行科学计算和计算机仿真，提供了高效、便捷的计算和分析工具，极大地缩短了开发研究的周期。华邦电力科技股份有限公司以许继集团生产的各种电力设备产品为平台，以许继电气股份有限公司生产的各种电力系统自动化的微机继电保护产品为主导的先进技术为依托，是一家针对全国各大院校专业研发生产电力系统自动化、数字化变电站及 10kV 工厂供配电系统、风力及太阳能发电、高压冲击、高压击穿等实验室实训教学设备的公司。

本书教学参考学时约为 32 学时，企业培训建议为一周时间。本书内容是作者多年从事相关领域教学和培训的经验总结。在选材上，力争内容全面、充实，紧密结合实际，对应系统是半实物仿真实训项目，兼顾基本理论方法和实际应用。本书内容分为理论讲解和实例操作两部分，两部分内容相辅相成，为学生学习和教师授课提供了便利。本书采用专业课程中的典型实例，做到实例与教学内容相互配合，循序渐进地引导学生逐步掌握各章的知识应用。全书共分 8 章，第 1、5、7 章由辽宁科技学院陈锐编写；第 2、4 章由辽宁科技学院刘志君编写；第 3、8 章由辽宁科技学院李润生编写；第 6 章由许昌华邦电力科技股份有限公司桂建国编写。

本书为学校"十三五"规划校企合作教材，为了配合学校教学和企业培训，本书还配有相应电子课件。

由于编者水平有限，疏漏之处在所难免，恳请相关专家和读者不吝赐教。

编　者

2021 年 2 月

目录

基础篇

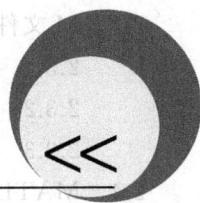

基 础 篇

第1章　MATLAB概述
第2章　MATLAB语言程序设计基础
第3章　MATLAB图形绘制与图形编辑
第4章　Simulink应用基础

系统是指客观世界中具有某些特定功能、相互联系、相互作用的元素的集合。这里的系统是指广义上的系统，泛指自然界的一切现象与过程。系统的分类方法有多种，按其应用范围可将系统分为工程系统和非工程系统。工程系统是指由相互关联部件组成的一个整体，实现特定的目标，如控制系统、通信系统等；非工程系统涵盖的范围较广，大至宇宙，小至微观世界都存在着相互关联、相互制约的关系，形成一个整体，实现某种目的，所以均可以认为是系统。

系统模型是对实际系统的一种抽象，是对系统本质（或是系统的某种特征）的一种描述。模型具有与系统相似的特性。好的模型能够反映实际系统的主要特征和运动规律。模型可以分为实体模型和数学模型两类。

(1) 实体模型又称为物理效应模型，是根据系统之间的相似性而建立起来的物理模型，如建筑模型等。

(2) 数学模型包括原始系统数学模型和仿真系统数学模型。原始系统数学模型是对系统的原始数学描述，是描述系统动态特性的数学表达式，用来表示系统运动过程中各量的关系，是分析、设计系统的依据。仿真系统数学模型是一种适合在计算机上演算的模型，主要是根据计算机的运算特点、仿真方式、计算方法和精度要求，将原始系统数学模型转换为计算机程序。

常见的系统模型有连续系统、离散时间系统、离散事件系统、混杂系统等，还可以细分为线性、非线性、定长、时变、集中参数、分布参数、确定性、随机等系统。

仿真是以相似性原理、控制论、信息技术及相关领域的有关知识为基础，以计算机和各种专用物理设备为工具，借助系统模型对真实系统进行试验的一门综合性技术。仿真可分为实物仿真、数学仿真、半实物仿真。实物仿真是研制某种实体模型，使之能够重现原系统的各种状态，早期仿真大多属于这一类。数学仿真是用数学语言去描述一个系统并编写程序，在计算机上对实际系统进行研究的过程。半实物仿真又称数学物理仿真或者混合仿真，为了提高仿真的可信度，或者针对一些难以建模的实体，在系统研究中往往把数学模型、物理模型和实体结合起来组成一个复杂的仿真系统，这种在仿真环节中存在实体的仿真称为半实物仿真或者半物理仿真等。

计算机仿真是在研究系统过程中，根据相似性原理利用计算机来逼真模拟研究系统。研究对象可以是实际的系统，也可以是设想中的系统。计算机仿真可以用于研制产品或设计系统的全过程，包括方案论证、技术指标的确定、设计分析、故障处理等各个阶段。计算机仿真最初应用于航空航天、核工业等少数领域，现已逐渐扩大到机械制造、电力交通、医疗教育等国民经济各领域。目前仿真技术已成为任何复杂系统，特别是高科技产业不可替代的分析研究、设计评价、决策训练等的重要手段。

计算机仿真技术在美国、日本、欧洲等的先进企业已成为产品研发的必备手段，其应用达到了一定的成熟度，并形成了与产品研发设计相结合的良性循环。但在国内，大部分企业对仿真技术的认识仍然处于初级阶段。目前我国计算机仿真技术应用面临的问题主要如下。

(1) 在产品研发过程中，计算机仿真技术往往被动地发挥作用，对仿真在产品设计过程中的作用认识不清。

(2) 计算机仿真人力资源严重不足。

(3) 对计算机仿真人员的能力要求高。仿真人员要对一项产品进行仿真分析，必须熟知产品的结构及产品的工作原理与工况，这对仿真人员的能力提出了更高的要求。

在“中国制造2025”时代，中国制造业在提高创新设计能力的过程中，计算机仿真技术有着重要的价值和地位，它已经成为企业产品研发过程的必备手段，仿真技术的应用大大减少了试验验证次数，缩短了产品开发周期，降低了开发费用，提高了设计质量。

MATLAB是被国际公认的、优秀的科技应用软件，其强大的功能、友好的交互界面、简单的语言、开放的编程，使其成为计算机仿真不可缺少的基础软件。

MATLAB(MATrix LABoratory)是目前世界上较流行的、应用较广泛的工程计算和仿真软件。MATLAB功能强大、运算效率高，将计算、可视化和编程功能集于一个易于开发的环境。MATLAB是一个交互式开发系统，其基本数据要素是矩阵。MATLAB的语法规则简单，适合于专业科技人员的思维方式和书写习惯，它用解释方式工作，编写程序和运行同步，输入程序可立即得出结果，因此人机交互更加简洁和智能化。MATLAB适用于多种平台，随着计算机软、硬件的更新而及时升级，使得编程和调试效率大大提高。

经过多年的发展，MATLAB已逐渐发展成为一种极其灵活的计算体系，几乎可以解决科学计算中任何重要的技术问题，MATLAB主要应用于数学计算、系统建模与仿真、数学分析与可视化、科学与工程绘图和用户界面设计等方面。

第1章 MATLAB概述

1.1 MATLAB简介

1.1.1 MATLAB的发展史

MATLAB的产生是与数学计算紧密联系在一起的，该软件最初设计是专门为解决数学矩阵运算问题的。1980年，美国新墨西哥州大学数学与计算机科学教授Cleve Moler为了解决线性方程和特征值问题，和他的同事利用Fortran语言结合来自LINPACK和EISPACK课题关于矩阵算法的研究成果设计出来的，后来又编写了相应的接口程序，并将其命名为MATLAB。

1984年，John Little、Moler和Steve Bangert合作成立了MathWorks公司，他们使用C语言开发第二代MATLAB，并将其推向市场，此时的MATLAB已经具备数值计算和数据图示化的功能。

20世纪90年代，MATLAB已成为国际控制界的标准计算软件，1992年MathWorks公司推出了MATLAB 4.0版本，并于第二年推出了微机版，使软件的应用范围逐渐扩大。1994年，推出了MATLAB 4.2c版本，为图形界面设计提供了新方法。Simulink的应用起始于MATLAB 4.0版本，它被放在MATLAB的核心执行文件中，从MATLAB 4.2开始，Simulink则以工具包的形式单独出现。

20世纪90年代末期，MathWorks公司推出MATLAB 5.x版本，新版本可以处理更多的数据结构，使MATLAB的编程更加简单方便。1999年推出了MATLAB 5.3版本，进一步增强了MATLAB语言的功能。

2000年10月底，MathWorks公司推出了MATLAB 6.0。该版本提高了MATLAB在数值算法、界面设计和外部接口等诸多方面的功能。2003年，MATLAB 6.5采用最新的JIT加速技术，为MATLAB程序提供了更快的执行速度。在MATLAB 6.5版本中，Simulink升级为5.0版本，该版本创建出完整的嵌入式系统设计环境，开发者可以在单一的环境下完成工程，同时还可以选择自动将算法及应用程序转换成C++等程序代码。

2004年，MathWorks推出MATLAB 7.0版本。该版本为开发者提供了许多新的便捷功能，新版本允许同时使用多个文件和图形窗口，可以根据自己的习惯和喜好来定制桌面环境，还可以设置自定义快捷键。

随后的几年中，MathWorks公司不断优化和提高MATLAB的性能，版本不断更新，现在几乎每年要更新两次，上半年推出a版，下半年推出b版。

MATLAB R2012b版，即8.0版，有了很大的变化，最明显的是其桌面，在MATLAB主窗口中，工具条取代了菜单和工具栏，对帮助文档进行了重新设计，改进了浏览、搜索和筛选功能。命令窗口中输入函数或变量出错时，会得到更正的建议信息。

MATLAB分为总包和若干工具箱，MATLAB程序执行MATLAB语言，并提供了一个极其广泛的预定义函数库，拥有各种丰富的函数，即使基本版本的MATLAB语言拥有的函数也比其他的工程编程语言要丰富得多，基本的MATLAB语言已经拥有1000多个函数，而其工具箱的函数更多，由此扩展了它在许多专业领域的能力。

MATLAB一方面可以方便实现数值计算、优化分析、数据处理、自动控制、信号处理等领域的数学计算；另一方面也可以快捷实现计算可视化、图形绘制、场景创建和渲染、图像处理、虚拟现实和地图制作等分析处理工作。

随着版本的不断升级，它具有越来越强大的数值计算能力、更为卓越的数据可视化能力及良好的符号计算功能，逐步发展成为各种学科、多种工作平台下功能强大的大型软件，在研究设计单位和工厂企业中成为工程师们必须掌握的一种工具，获得了广大科技人员的普遍认可。

MATLAB在欧美许多高校已经成为线性代数、自动控制理论、概率论及数理统计、数字信号处理、时间序列分析、动态系统仿真和金融等课程的基本教学工具，应用其编程解决问题是本科生、研究生必须掌握的基本技能，在国内这一语言也逐步成为一些大学理工科专业学生的重要选修课。

至目前为止，MATLAB最新的版本为R2019b，本书以较为成熟的MATLAB R2017a为基础进行编写。

1.1.2 MATLAB的系统结构

MATLAB系统由MATLAB开发环境、MATLAB语言、MATLAB数学函数库、MATLAB图形处理系统和MATLAB应用程序接口（API）五部分组成。

（1）MATLAB开发环境是一个集成的工作环境，包括MATLAB命令窗口、文件编辑调试器、工作空间、数组编辑器和在线帮助文档等。

（2）MATLAB语言具有程序流程控制、函数、数据结构、输入输出和面向对象的编程特点，是基于矩阵/数组的语言。

（3）MATLAB数学函数库包含了大量的计算算法，包括基本函数、矩阵运算和复杂算法等。

（4）MATLAB图形处理系统能够将二维和三维数组的数据用图形表示出来，并可以实现图像处理、动画显示和表达式作图等功能。

（5）MATLAB应用程序接口使MATLAB语言能与C或Fortran等其他编程语言进行交互。

1.1.3 MATLAB的特点

1. 简单易学

MATLAB允许用户以数学形式的语言编写程序，用户在命令窗口中输入命令即可直接得到结果，比C、Fortran和Basic等高级语言都要方便。由于它是用C语言开发的，其流程控制语句与C语言中的相应语句几乎一致，所以初学者只要有C语言的基础，就会很容易掌握MATLAB语言。

2. 短小高效的源代码

由于MATLAB已经将数学问题的具体算法编成了现成的函数，用户只要熟悉算法的特点、使用场合、函数的调用格式和参数意义等，通过调用函数很快就可以解决问题，而不必花费大量的时间纠缠于具体算法的实现。

3. 强大的计算功能

MATLAB具有强大的矩阵计算功能，利用一般的符号和函数就可以对矩阵进行加、减、乘、除运算以及转置和求逆运算，而且可以处理稀疏矩阵等特殊的矩阵，非常适合于有限元等大型数值算法的编程。此外，该软件现有的数十个工具箱可以解决应用中的大多数数学问题。

4. 强大的图形符号表达功能

科学计算要涉及大量的数据处理，利用图形展示数据场的特性，能显著提高数据处理效率，提高对数据反馈信息的处理速度和能力。MATLAB不仅可以绘制一般的二维图形、三维图形，如线图、条形图、饼图、散点图、直方图、误差条图等，还可以绘制工程特性较强的特殊图形，如玫瑰花图、极坐标图等。MATLAB提供了丰富的科学计算可视化功能，利用它可以绘制二维或三维矢量图、等值线图、三维表面图、假色彩图、曲面图、云图、二维或三维流线图、三维流锥图、流沙图、流带图、流管图、卷曲图、切片图等，此外还可以生成快照图和进行动画制作。基于MATLAB句柄图形对象，结合绘图工具函数，还可以根据需要用MATLAB绘制自己的图形。

5. 可扩展性强

用户可以编写MATLAB文件，组成自己的工具箱，方便地解决本领域内常见的计算问题。此外，利用MATLAB编译器和运行时服务器，可以生成独立的可执行程序，从而可以隐藏算法并避免依赖MATLAB。MATLAB支持DDE和ActiveX自动化等机制，可以与同样支持该技术的应用程序进行接口。

6. 丰富的内部函数

MATLAB的内部函数库提供了相当丰富的函数，这些函数可以解决许多基本问题，如矩阵的输入。在其他语言中，如C语言要输入一个矩阵，先要编写一个矩阵的子函数，而MATLAB语言则提供了人机交互的数学系统环境，该系统的基本数据结构是矩阵，在生成矩阵对象时，不要求做明确的维数说明。与利用C语言和Fortran语言编写数值计算的程序设计相比，利用MATLAB可以节省大量的编程时间。同时，MATLAB针对某些特定领域的复杂问题，还提供了为数不少的工具箱，而且用户可以通过网络获取更多的MATLAB程序。

7. 支持多种操作系统

MATLAB 支持多种计算机操作系统，包括 Windows 2000/XP/Vista/7/8/10 以及许多不同版本的 UNIX 操作系统。而且在一种操作系统下编制的程序转移到其他操作系统下时，程序不需要做任何修改。同样，在一种平台上编写的数据文件转移到另外的平台时，也不需要做任何修改。

8. 可以自动选择算法

在使用其他语言编制程序时，往往会在算法的选择上费一番周折，但在 MATLAB 里不存在这个问题。MATLAB 的许多功能函数都带有算法的自适应能力，它会根据情况自行选择最合适的算法。这样当使用其他程序时，因算法选择不当而引起的如死循环等错误，在使用 MATLAB 时可以很大程度地避免。

9. 与其他软件和语言有良好的对接性

MATLAB 除自身已经具有十分强大的功能外，还可以与其他程序和软件实现很好的交流，这样可以最大限度地利用各种资源优势，从而使 MATLAB 编制的程序能够做到最大程度的优化，如 MATLAB 与 Maple、Fortran、C 和 Basic 之间都可以很方便地实现连接，用户只需将已有的 EXE 文件转换成 MEX 文件即可。

1.1.4 MATLAB 的工具箱

MATLAB 的工具箱(Toolbox)是一个专业家族产品，工具箱实际上是 MATLAB 的 M 文件和高级 MATLAB 语言的结合，用于解决某方面的专业问题或实现某类新算法。MATLAB 的工具箱可以分为功能性工具箱和学科性工具箱，功能性工具箱用来扩充 MATLAB 的符号计算、可视化建模仿真、文字处理及实时控制等功能；学科性工具箱是专业性比较强的工具箱，如电力系统工具箱(Powersys Toolbox)、控制系统工具箱(Control System Toolbox)、信号处理工具箱(Signal Processing Toolbox)、动态仿真工具箱(Simulink Toolbox)等。

MATLAB 的工具箱可以任意增减，不同的工具箱为不同领域的用户提供了丰富强大的功能，任何人都可以自己生成 MATLAB 工具箱，因此很多研究成果被直接做成 MATLAB 工具箱发布，成百上千个免费的 MATLAB 工具箱可以从网上获得，MATLAB 常用工具箱如表 1-1 所示。

表 1-1 MATLAB 常用工具箱

分 类	工 具 箱(Toolbox)
控制类	控制系统工具箱(Control System Toolbox)
	模糊逻辑控制工具箱(Fuzzy Logic Toolbox)
	神经网络工具箱(Neursl Network Toolbox)
	系统辨识工具箱(System Identification Toolbox)
	鲁棒控制工具箱(Robust Control Toolbox)

续表

分　类	工 具 箱(Toolbox)
控制类	模型预测控制工具箱(Model Predictive Control Toolbox)
	机器人控制工具箱(Robust Control Toolbox)
信号处理类	信号处理工具箱(Signal Processing Toolbox)
	小波工具箱(Wavelet Toolbox)
	滤波器设计工具箱(Filter Design Toolbox)
	通信工具箱(Communication Toolbox)
	并行计算工具箱(Parallel Computing Toolbox)
	优化工具箱(Optimization Toolbox)
应用数学类	偏微分方程工具箱(Partial Differential Equation Toolbox)
	统计工具箱(Statistics Toolbox)
	符号数学工具箱(Symbolic Math Toolbox)
	图像处理工具箱(Image Processing Toolbox)
	数据库工具箱(Database Toolbox)
	航空航天工具箱(Aerospace Toolbox)
其他	生物信息工具箱(Bioinformatics Toolbox)
	经济计量工具箱(Econometrics Toolbox)
	运输网络工具箱(Vehicle Network Toolbox)
	贸易工具箱(Trading Toolbox)
	金融工具箱(Financial Toolbox)

1.1.5 MATLAB的Simulink

Simulink是MATLAB最重要的组件之一，它提供一个交互式动态系统、建模仿真和综合分析的集成环境。在该环境中无须输入大量程序，而只需要通过简单直观的鼠标操作，就可以构造出复杂的系统。Simulink具有以下特点。

1. 动态系统的建模与仿真

Simulink支持线性、非线性、连续、离散、多变量和混合式系统结构，所以几乎在任何一种类型的实时动态系统中Simulink都能胜任。

2. 建模方式直观

Simulink是一种图形化仿真工具，利用其可视化建模方式，可迅速地建立动态系统的框图模型。

3. 模块可定制

Simulink允许自定义模块的使用，可以对模块的图标、对话框等进行自定义编辑。Simulink也允许将C、Fortran、Ada代码直接移植到Simulink模型中。

4. 仿真模拟快速、精准

Simulink 先进的求解器为非线性系统仿真提高了精度，它能确保连续系统或离散系统的仿真高速、精准地进行。图形化调试工具让系统的开发设计过程产生的错误无处遁形。

5. 复杂系统的层次性

Simulink 利用子系统模块，使庞杂的系统模型构建变得简单易行。整个系统可以按照自上而下或自下而上的方式进行分层构建，子系统的嵌套使用不受限制。

6. 仿真分析的交互性

Simulink 提供示波器等观察器，用于动画或图形的显示。仿真过程中利用这些观察器可以监视仿真结果。这种交互式特性能让开发者快速地进行算法评估以及参数优化。

MATLAB 中 Simulink 的主要产品及其相互关系如图 1-1 所示。

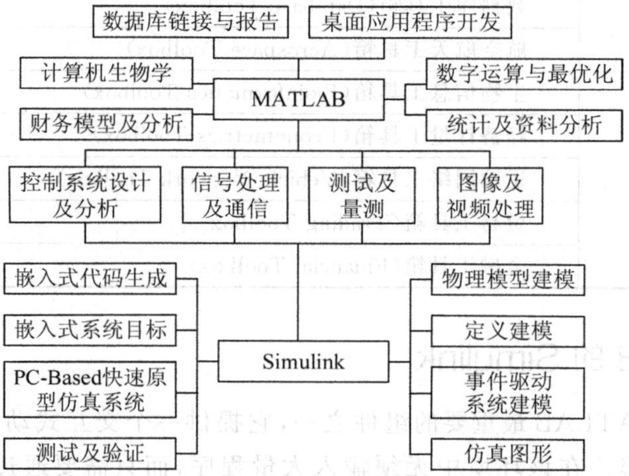

图 1-1　MATLAB 中 Simulink 的主要产品及其相互关系

1.2 MATLAB 的安装与启动

1.2.1 MATLAB 的安装

插入 MATLAB 软件的安装光盘后，按照相关说明进行安装，安装过程相对比较简单，与之前的版本类似。在一般情况下，当用户打开安装光盘中的 setup.exe 应用程序时，MATLAB 会启动安装向导，显示安装 MATLAB，如图 1-2 所示。也可以在 MATLAB 官网上下载安装程序，按提示进行安装。

安装 MATLAB 必须具有 MathWorks 公司提供的合法个人使用许可，如果没有使用许可，用户将无法安装 MATLAB，如图 1-3 所示。

图 1-2 安装 MATLAB

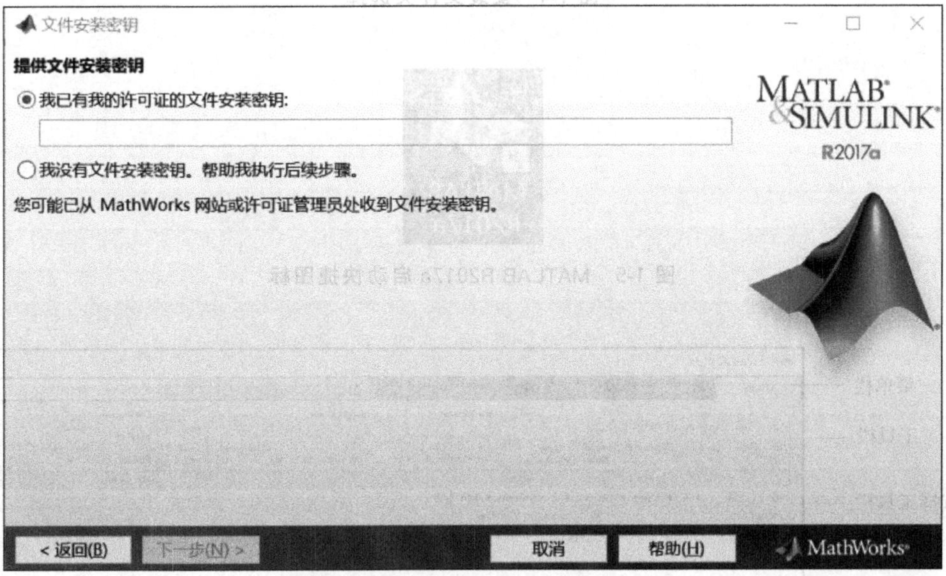

图 1-3 输入文件安装密钥

选择安装路径，可保持默认或单击"浏览"按钮更换安装路径，默认路径为 C:\Program Files\MATLAB\R2017a，如图 1-4 所示。

随后勾选需要安装的 MATLAB R2017a 的产品，建议保持默认。软件安装成功后会在系统桌面生成启动快捷图标，如图 1-5 所示。

1.2.2 MATLAB 的启动

双击启动快捷图标或者单击系统"开始"中的该软件启动按钮，进入 MATLAB R2017a 主界面，如图 1-6 所示。

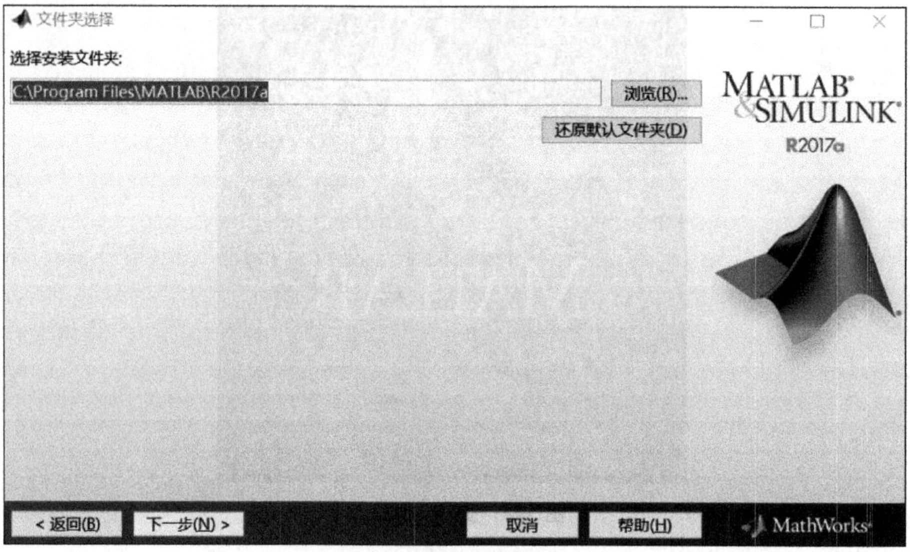

图 1-4　安装文件夹选择

图 1-5　MATLAB R2017a 启动快捷图标

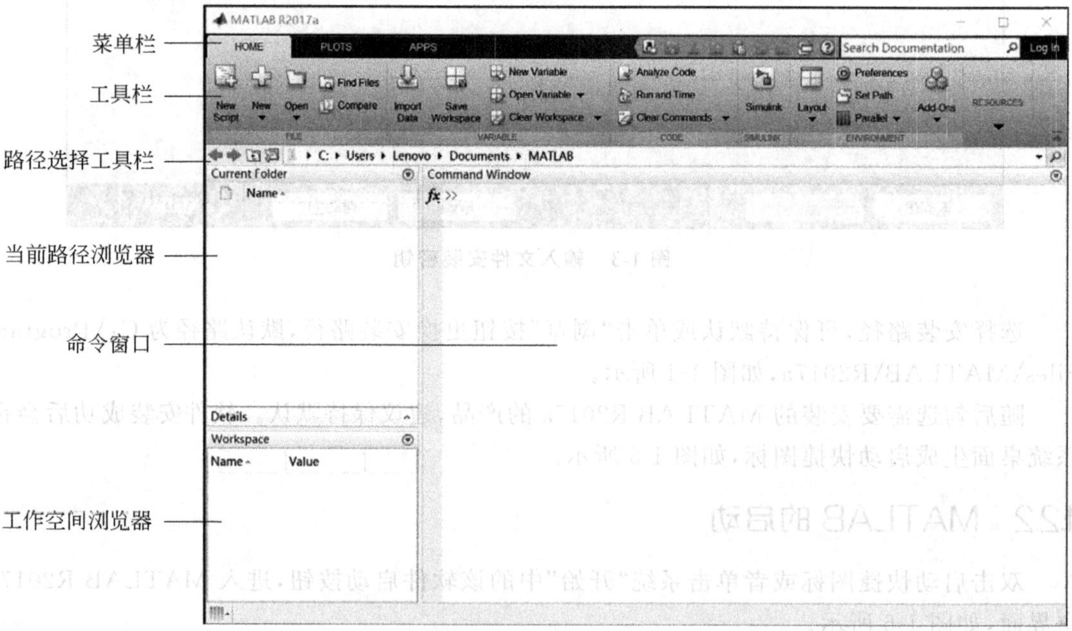

图 1-6　MATLAB R2017a 主界面

1.3 MATLAB 的工作环境

MATLAB 是一个交互式的开发环境，能够将数学运算、数据可视化、编程、Simulink 仿真和用户交互等功能集合在一起。

1.3.1 MATLAB 的主界面

图 1-6 所示为 MATLAB R2017a 版本默认的主界面，主要包括菜单栏、工具栏、当前路径浏览器、命令窗口、工作空间浏览器等，这些功能子窗口使 MATLAB 的操作更容易、更方便。各功能子窗口是否显示以及如何显示与以往版本类似，完全由用户的需要和习惯决定，可以通过工具栏中的 Layout 下拉菜单中对应的命令进行选择，也可以通过拖曳子窗口的方式对 MATLAB 主界面进行布局，还可以将此窗口从 MATLAB 主界面中解锁出来，成为一个单独的窗口，如图 1-7 所示。

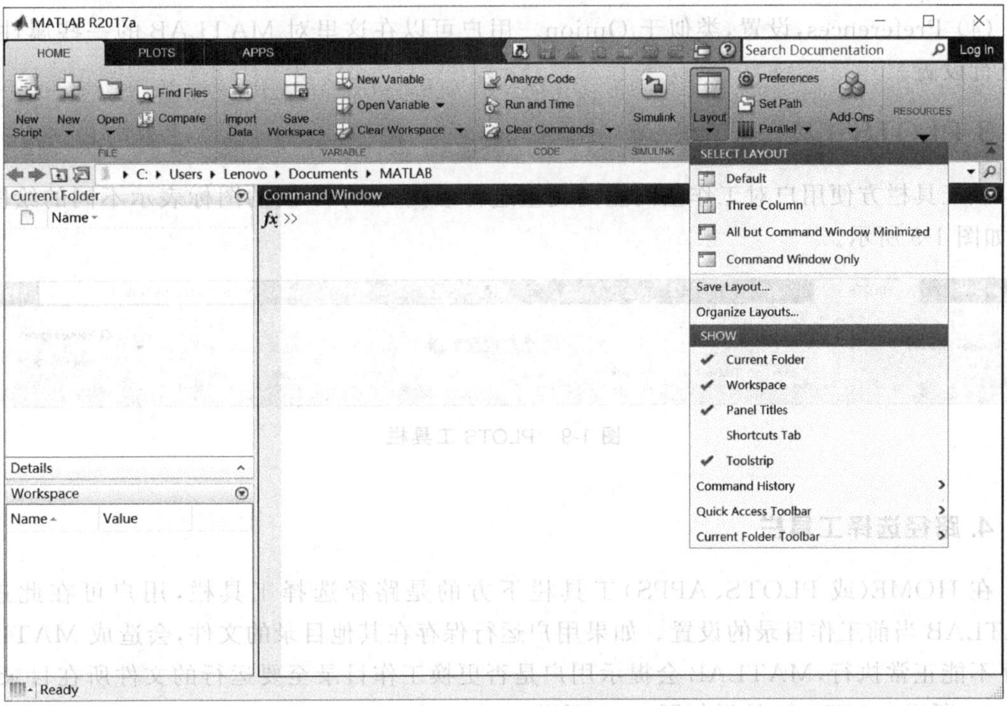

图 1-7 Layout 下拉菜单

1. 菜单

MATLAB R2017a 版本的菜单只有 3 个选项，分别是 HOME、PLOTS 和 APPS。单击每个选项，下方都会出现不同的工具栏。HOME 和 PLOTS 是最常用的两个菜单。

2. HOME 工具栏

该工具栏中有几个重要的下拉菜单，如图 1-8 所示。

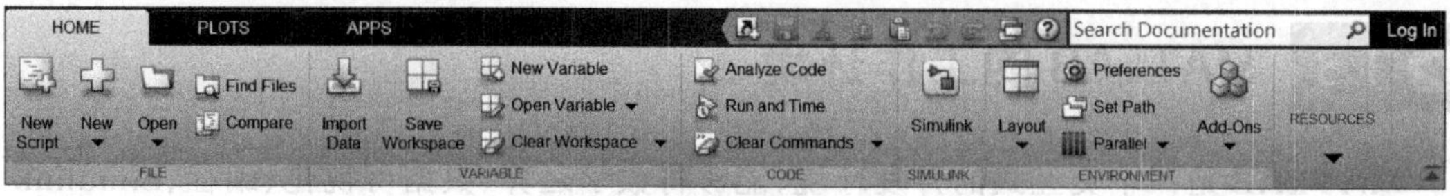

图 1-8　HOME 工具栏

（1）New，创建新的文档。可以创建新的文本文件，实现 MATLAB 命令文件的输入、编辑、调试、保存等处理功能；也可以创建新的 Figure 图形文件，实现 MATLAB 图形文件的显示、编辑、保存等处理功能；还可以创建新的 Simulink 模型文件，实现 Simulink 仿真模型的建模、仿真、调试、保存等处理功能。

（2）Simulink，单击 Simulink 按钮打开 Simulink 模块库，进入 Simulink 仿真环境。其作用相当于在 MATLAB 命令窗口中输入 simulink 并按回车键。

（3）Help，进入 MATLAB 的帮助环境界面。允许用户进行帮助文档阅读、根据关键词的帮助查询以及查看演示、范例。

（4）Preferences，设置，类似于 Option。用户可以在这里对 MATLAB 的一些属性、性能进行设置。

3. PLOTS 工具栏

该工具栏方便用户对工作空间里的变量进行绘图，图中不同的图标表示不同的绘图方式，如图 1-9 所示。

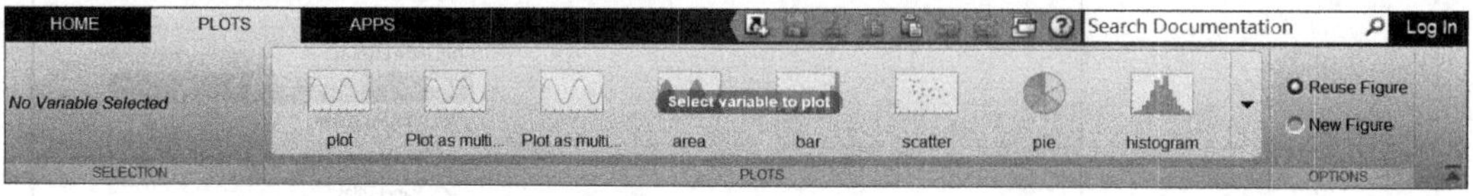

图 1-9　PLOTS 工具栏

4. 路径选择工具栏

在 HOME（或 PLOTS、APPS）工具栏下方的是路径选择工具栏，用户可在此进行 MATLAB 当前工作目录的设置。如果用户运行保存在其他目录的文件，会造成 MATLAB 程序不能正常执行，MATLAB 会提示用户是否更换工作目录至要运行的文件所在目录，如图 1-10 所示。APPS 工具栏如图 1-11 所示。

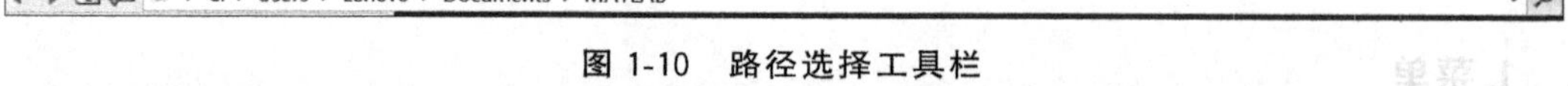

图 1-10　路径选择工具栏

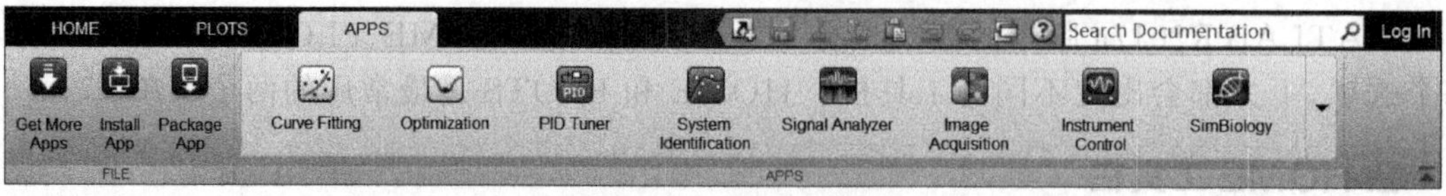

图 1-11　APPS 工具栏

5. 命令窗口

命令窗口是用户与MATLAB进行人机交互的主要环境，在提示符“>>”后输入MATLAB命令并按回车键确认，该命令窗口将立即显示执行结果。命令窗口常见命令及功能键如表1-2所示。

表1-2 命令窗口常见命令及功能键

命　令	功　　能	命令行功能键	功　　能
clc	清除当前Command区域的命令	↑	上一条指令
clf	清除图像窗口内容	↓	下一条指令
clear	从工作空间中清除所有变量	←	左移一个单词
clear all	从工作空间中清除所有变量和函数	→	右移一个单词
delete	从磁盘中删除指定文件	Backspace	清除光标前的字符
help	帮助信息	Del	清除光标后的字符
		End	光标移到行尾

6. 当前路径浏览器

当前路径中所有文件夹及所有类型的文件名均显示于此窗口中，用户可在此窗口中进行类似于一般文件夹中的管理工作，如新建或删除文件夹、重命名文件、打开目标文件等。

7. 工作空间浏览器

当启动MATLAB后，系统自动在内存中开辟一块存储区，用于存储用户在MATLAB命令窗口中定义的变量、运算结果和有关数据，此内存空间称为Workspace(工作空间)。

工作空间在MATLAB刚启动时为空。用户退出MATLAB后，工作空间的内容将不再保留，也就是说工作空间里的数据只是临时存放。

1.3.2 MATLAB的文本编辑窗口

MATLAB编程有两种工作方式：一种称为行命令方式，就是在命令窗口中一行一行地输入程序，计算机每次对一行命令做出反应，因此也称为交互式的指令行操作方式；另一种工作方式为M文件编程工作方式，编写和修改M文件就要用到文本编辑窗口。

表1-3列出了两种工作方式的简单比较。

表1-3 MATLAB编程两种工作方式比较

比较项	交互式的指令行操作方式	M文件编程工作方式
工作过程	用户在命令窗口中按MATLAB语法规则输入命令行后按回车键确认，系统将执行该命令并给出运算结果	当用户在命令窗口中输入M文件名并按回车键确认后，系统将自动搜索该文件，若该文件存在，则系统将按M文件中语句所规定的计算任务以解释方式逐一执行语句，并返回运算结果
优点	简便易行，交互性强	输入、编辑、调试和保存简单

续表

比较项	交互式的指令行操作方式	M 文件编程工作方式
缺点	当要解决的问题变得复杂后，输入、编辑和调试困难	要在文本编辑器下编辑并保存文件，过程复杂
适用情况	非常适用于简单问题的数学演算结果分析及测试	非常适用于大型或复杂问题的解决

用户可以通过创建一个新的文本文件或打开一个原有的文本文件的方式来进入文本编辑窗口。该类文本文件名以“.m”为后缀，用户将文本编辑窗口中的程序保存后，在 MATLAB 命令窗口中输入该文件的文件名就能执行程序，如图 1-12 所示。

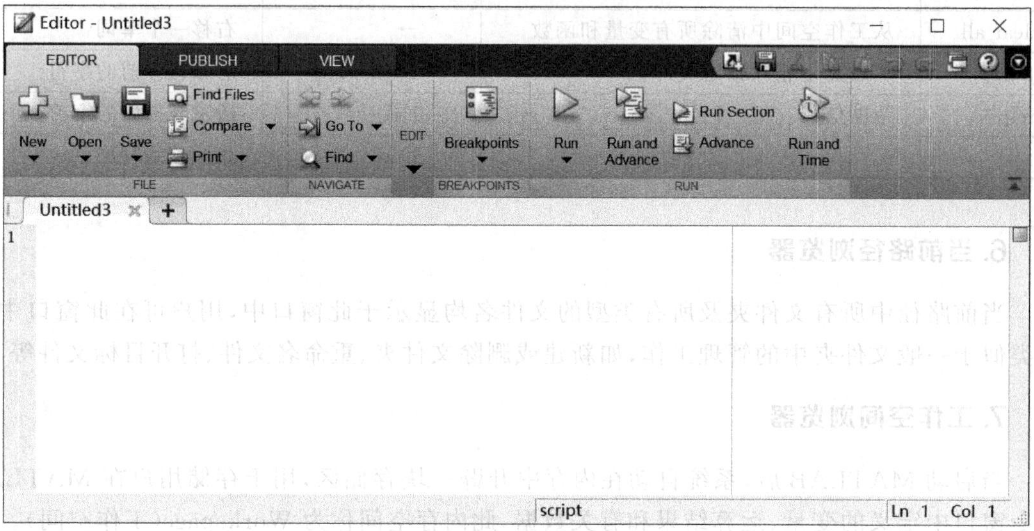

图 1-12 MATLAB 的文本编辑窗口

1.3.3 MATLAB 的帮助使用

理解、掌握和运用 MATLAB 的帮助文档，对用户十分重要且是必需的。MATLAB 帮助文档系统相当完备，就查询系统的调用方式而言，可分为以下两种。

(1) 单击 MATLAB 工具栏中的 Help 按钮，进入 MATLAB 的帮助环境界面，用户可以进行帮助文档阅读、根据关键词进行帮助查询以及查看演示范例，这与 Windows 的求助方法一样。

(2) 在 MATLAB 命令窗口内，直接输入帮助命令求助。这种方法最常用。

下面是部分输入帮助命令的求助方法。

1. help 命令

help 是最常用的求助命令。它可以提供绝大部分 MATLAB 命令使用方法的在线说明，如图 1-13 所示。

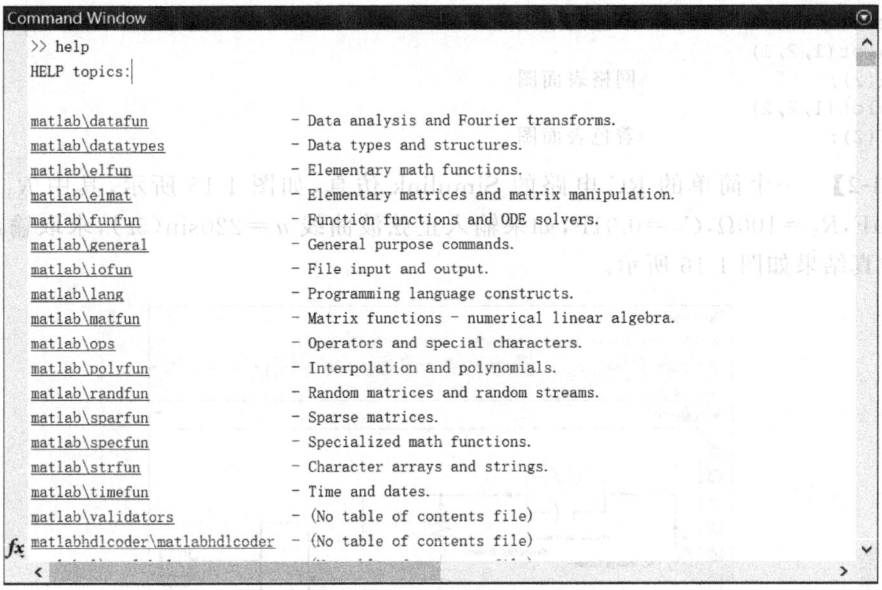

图 1-13　help 命令帮助总览

2. lookfor 命令

当要查找具有某种功能但又不知道准确名字的命令时，仅靠 help 的帮助就不够了。为此，MATLAB 设计了 lookfor 命令，它可以根据用户提供的完整或不完整的关键词，搜索出一组与之相关的命令。

3. 其他帮助命令

MATLAB 还提供了一些其他的帮助命令，关于这些命令的详细内容在此就不多做介绍，有兴趣的用户可以用 help 命令自行查询。

【例 1-1】 三维曲面绘图，输入以下程序并运行，如图 1-14 所示。

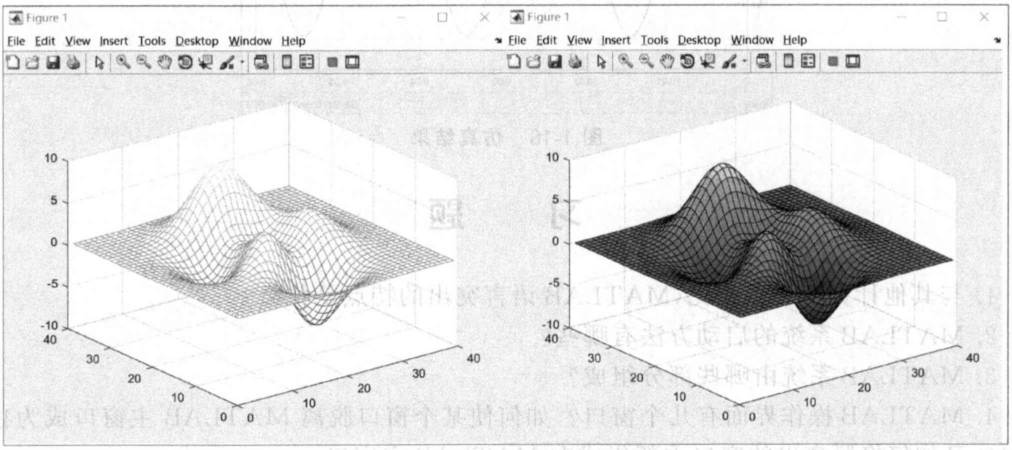

图 1-14　三维曲面绘图

```
Z=peaks(40);                %产生高斯矩阵
subplot(1,2,1)
mesh(z);                    %网格表面图
subplot(1,2,2)
surf(Z);                    %着色表面图
```

【例 1-2】 一个简单的 RC 电路的 Simulink 仿真，如图 1-15 所示，其中 $R_1=100\Omega$，$C_1=100\mu F$，$R_2=100\Omega$，$C_2=0.01F$，如果输入正弦波曲线 $u=220\sin(5t)$，求取输出信号的波形。仿真结果如图 1-16 所示。

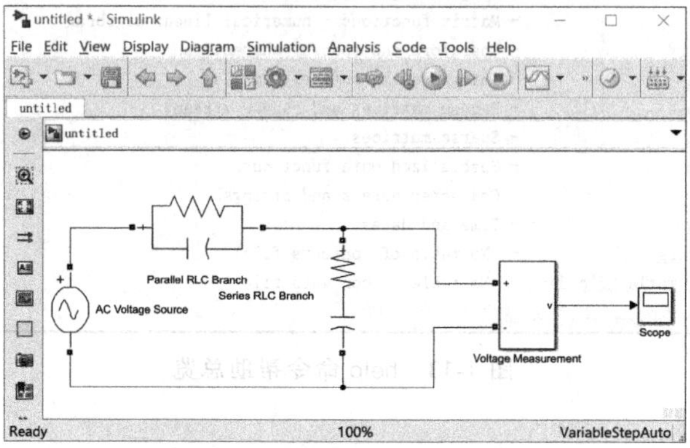

图 1-15　RC 电路的 Simulink 仿真模型

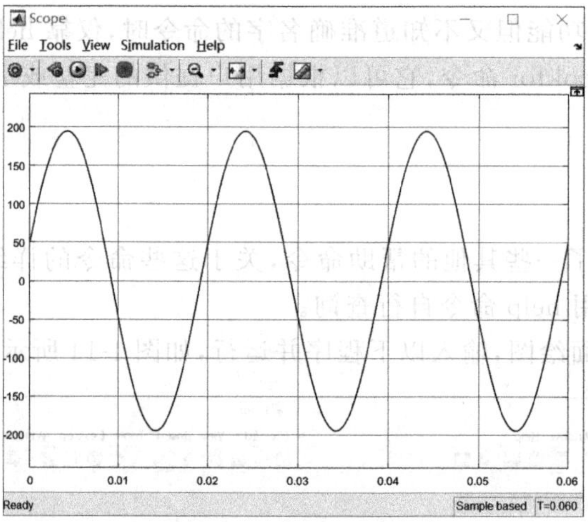

图 1-16　仿真结果

习　题

1. 与其他计算机语言相比，MATLAB 语言突出的特点是什么？
2. MATLAB 系统的启动方法有哪些？
3. MATLAB 系统由哪些部分组成？
4. MATLAB 操作界面有几个窗口？如何使某个窗口脱离 MATLAB 主窗口成为独立窗口？又如何将脱离出的窗口重新集成在 MATLAB 主窗口？
5. MATLAB 对运行环境有什么要求？

第2章 MATLAB语言程序设计基础

程序设计是仿真实现的基础。在程序设计过程中，往往采用顺序结构设计，即把比较复杂的较大任务分解成若干个小任务，并对其独立编程、编译和调试，再集成一个总程序，实现系统的仿真过程。一般情况下，MATLAB的程序设计包括变量和数组的定义、数组的运算、程序的分支结构和控制流程设计、程序的调试等过程。本章主要对MATLAB程序设计中的几个重要环节做详细阐述。

本章内容设置如下。

- MATLAB的数据类型及其运算。
- MATLAB的数组运算。
- MATLAB的运算符。
- MATLAB的流程控制。
- M文件。

2.1 MATLAB数据类型及其运算

MATLAB数据类型非常丰富，除数值型、字符型等基本数据类型外，还有结构体、单元等更为复杂的数据类型。各种数据类型都以矩阵形式存在，矩阵是MATLAB最基本的数据对象，并且矩阵的运算是定义在复数域上的。

MATLAB采用习惯的十进制数表示，可以带小数点和负号，其默认的数据类型为双精度浮点型(double)，如3、−10、0.001、1.3e10、1.256e−6。

2.1.1 变量命令规则

(1) 变量名、函数名对字母的大小写是敏感的，如myVar与myvar表示两个不同的变量。

(2) 变量名第一个字母必须是英文字母。

(3) 变量名可以包含英文字母、下画线和数字。

(4) 变量名不能包含空格、标点。

(5) 变量名最多可包含63个字符(6.5及以后的版本)。

2.1.2 MATLAB预定义的变量

说明：每当MATLAB启动完成时，表2-1中的常量就自动产生了。

表 2-1 常量表

变量名	意 义	变量名	意 义
ans	最近的计算结果的变量名	inf	∞值,无限大
eps	MATLAB定义的正的极小值=2.220	i或j	虚数单元,sqrt(-1)
pi	圆周率π	NaN	非数,0/0、∞/∞

在MATLAB中,被0除不会引起程序中断,给出报警的同时用inf或NaN给出结果。用户只能临时覆盖这些预定义变量的值,clear命令或重启MATLAB可恢复其值。

2.1.3 MATLAB的数据类型

MATLAB支持15种数据类型,常用于构建数组的数据类型有数值型、字符型、逻辑型、单元格数组、结构型数组及函数句柄。

(1) Numeric:数值型,又可细分为Integer(整型数)和Floating-Point(浮点型)。

(2) Char:字符型,用字符串构成数组,且字符串要用单引号括起来,如'hello'。

(3) Logical:逻辑型,逻辑1为真,逻辑0为假。例如:

```
>>c=[1 2 3 0;4 0 6 0;7 8 0 0]
c=
     1     2     3     0
     4     0     6     0
     7     8     0     0
>>logical(c)
ans=
     1     1     1     0
     1     0     1     0
     1     1     0     0
```

(4) Cell Array:单元格数组,用于存储不同数据类型不同维数的数组。

若要创建单元格数组,可用cell/cellstr函数或下列赋值形式。例如,创建单元格数组A:

```
>>A(1, 1)={'Anne Smith'}
>>A(1, 2)={[1 2 3;4 5 6;7 8 9]}
>>A(2, 1)={3+7i}
>>A(2, 2)={1:2:10}
>>A
A=
   'Anne Smith'             [3x3 double]
   [3.0000+7.0000i]         [1x5 double]
```

(5) Structure:结构型数组,即含有已命名"数据容器"或字段的数组,字段可以包含任意数据。例如:

```
>>a.day=12;
>>a.color='red'
```

```
>>a.mat=magic(3)
a=
        day: 12
        color: 'red'
        mat: [3x3 double]
```

2.2 MATLAB 矩阵(数组)的表示

(1) 数组的概念。

(2) 一维数组变量的创建。

(3) 二维数组变量的创建。

(4) 数组元素的标识与寻访。

(5) 数组运算。

(6) 多维数组。

2.2.1 数组的概念及分类

(1) 数组(Array)的定义：按行(Row)和列(Column)顺序排列的实数或复数的有序集，称为数组。数组中的任何一个数都被称为这个数组的元素，由其所在的行和列标识，这个标识也称为数组元素的下标或索引。MATLAB 将标量视为 1×1 的数组。

(2) 数组的分类如表 2-2 所示。

① 一维数组也称为向量(Vector)，包括行向量(Row Vector)和列向量(Column Vector)。

② 二维数组(矩阵 Matrix)。

③ 多维数组。

表 2-2　数组的分类

数组(Array)	大小(Size)
矩阵 $\boldsymbol{a}=\begin{bmatrix}1 & 2\\3 & 4\\5 & 6\end{bmatrix}$	3×2
行向量 $\boldsymbol{b}=[1\quad 2\quad 3\quad 4]$	1×4
列向量 $\boldsymbol{c}=\begin{bmatrix}1\\2\\3\end{bmatrix}$	3×1

其中，$\boldsymbol{a}(2,1)=3$，$\boldsymbol{a}(1,2)=2$，$\boldsymbol{b}(3)=3$，$\boldsymbol{c}(2)=2$。

2.2.2 创建一维数组变量

(1) 使用方括号“[ ]”操作符。

【例 2-1】 创建数组(行向量)$\boldsymbol{a}=[1\ 3\ \text{pi}\ 3+5\text{i}]$。

```
>>a=[1  3  pi  3+5*i]  % or  a=[1, 3, pi, 3+5*i]
a=1.0000      3.0000      3.1416      3.0000+5.0000i
```

所有的向量元素必须在操作符“[ ]”之内；向量元素间用空格或英文的逗号“,”分开。

(2) 使用冒号“:”操作符。

【例 2-2】 创建在 1～10 以内间隔为 2 的向量 ***b***。

```
>>b=[1:2:10]
b=
    1    3    5    7    9
```

(3) 利用函数 linspace。函数 linspace 的基本语法格式如下：

```
x=linspace(x1, x2, n)
```

- 该函数生成一个由 n 个元素组成的行向量。
- $x1$ 为其第一个元素。
- $x2$ 为其最后一个元素。
- $x1$、$x2$ 之间元素的间隔=$(x2-x1)/(n-1)$。

如果忽略参数 n，则系统默认生成 100 个元素的行向量。

【例 2-3】 输入并执行 x=linspace(1,2,5)。

```
x=1.0000    1.2500    1.5000    1.7500    2.0000
```

【例 2-4】 输入并执行 a=[1 3+4]; b=[a 3 5]; c=[6 a 7 a]。

```
>>a=[1, 3+4]
a=
    1    7
>>b=[a, 3, 5]
b=
    1    7    3    5
c=[6, a, 7, a]
c=
    6    1    7    7    1    7
```

说明：数组一旦被创建，变量就被存储在工作空间，可以通过 Workspace 窗口或在 Command Window 执行 whos 命令查看。

2.2.3 创建二维数组变量

(1) 使用方括号“[ ]”操作符。使用规则如下。

① 数组元素必须在“[ ]”内输入。

② 行与行之间须用分号“;”间隔，也可以在分行处按回车键间隔。

③ 行内元素用空格或逗号“,”间隔。

【例 2-5】 输入并执行 a2=[1 2 3;4 5 6;7 8 9]。

```
a2=
      1  2  3
      4  5  6
      7  8  9
```

【例 2-6】 输入并执行 a2=[1:3;4:6;7:9]。

```
%结果同上
```

【例 2-7】 由向量构成二维数组。

```
>>a=[1 2 3]; b=[2 3 4];
>>c=[a;b];
>>c1=[a b];
```

(2) 冒号法。例如，

```
>>c1=[1:3;2:4;3:2:8]
c1=
     1     2     3
     2     3     4
     3     5     7
c2=c1(1, :)            %c1 数组中第一行所有列元素创建一新数组,括号内逗号之前的为行数,逗
                        号之后为列数
c2=
     1     2     3
c3=c1(1:2, 1:2:3)      %抽取 c1 第 1 列和第 3 列的第 1 行和第 2 行
c3=
     1     3
     2     4
```

(3) 函数方法。

① ones(生成全 1 矩阵)。

```
ones(3, 4)
ans=
     1     1     1     1
     1     1     1     1
     1     1     1     1
```

② zeros(生成全 0 矩阵)。

```
>>a=zeros(2, 5)
a=
     0     0     0     0     0
     0     0     0     0     0
>>a(:)=-4:5
a=
    -4    -2     0     2     4
    -3    -1     1     3     5
```

③ reshape(矩阵的重新排列)。

```
>>a=-4:4
a=
   -4  -3  -2  -1  0  1  2  3  4
```

```
>>b=reshape(a, 3, 3)
b=
-4  -1  2
-3   0  3
-2   1  4
```

数组元素的排列顺序，从上到下按列排列，先排第一列，然后第二列，……

设矩阵 a 为 4 阶的 Pascal 矩阵，分别计算 c=reshape(a,1,16)和 d=reshape(a,2,4,2)。

```
>>c=reshape(a, 1, 16)

c=
    1    1    1    1    1    2    3    4    1    3    6    10    1    4    10    20
>>d=reshape(a, 2, 4, 2)
d(:, :, 1)=
    1    1    1    3
    1    1    2    4
d(:, :, 2)=
    1    6    1    10
    3   10    4    20
```

④ 用函数 rand(m,n)生成元素均在 0～1 的随机矩阵或用函数 randn(m,n)生成正态分布的随机矩阵。

```
>>rand(3, 4)
ans=
    0.8147    0.9134    0.2785    0.9649
    0.9058    0.6324    0.5469    0.1576
    0.1270    0.0975    0.9575    0.9706
```

⑤ 对角矩阵 diag。

```
>>diag([3, 4, 5, 6])
ans=
    3    0    0    0
    0    4    0    0
    0    0    5    0
    0    0    0    6
```

⑥ 范德蒙矩阵 vander(v)。

```
>>vander([1 2 3 4])
ans=
     1     1     1     1
     8     4     2     1
    27     9     3     1
    64    16     4     1
```

2.2.4 矩阵、数组的算术运算

矩阵和数组的加减运算没有区别，其运算法则与普通的加减运算相同，但必须注意加减的两个矩阵或数组必须是相同的阶数。矩阵和数组的乘除运算符有区别，如表 2-3 所示。

表 2-3 矩阵与数组运算符

运　算	运算符	含 义 说 明
加	+	矩阵或数组对应元素相加
减	−	矩阵或数组对应元素相减
乘	*	矩阵 $a(i,j)*b(j,k)$
点乘	.*	数组 a 与数组 b 相乘
幂	^	矩阵的幂运算
点幂	.^	数组的幂运算
左除和右除	\ or /	矩阵的左除和右除
左点除和右点除	.\ or ./	数组的左除和右除

【例 2-8】 数组加减法。

```
>>a=zeros(2, 3);
>>a(:)=1:6
>>b=a+2.5
b=
    3.5000    5.5000    7.5000
    4.5000    6.5000    8.5000
>>c=b-a;
```

其运行结果为

```
c=
    2.5000    2.5000    2.5000
    2.5000    2.5000    2.5000
```

【例 2-9】 矩阵和数组的乘法运算：矩阵 $\boldsymbol{a}=\begin{bmatrix}1 & 2 & 3\\4 & 5 & 6\\7 & 8 & 9\end{bmatrix}$ 和 $\boldsymbol{b}=[1\ 3\ 4]$ 相乘。

```
>>a * b
Error using  *
Inner matrix dimensions must agree.
>>b * a
ans=
    30    36    42
```

如果数组 $\boldsymbol{c}=[7\ 8\ 9]$ 和 $\boldsymbol{b}=[1\ 3\ 4]$ 相乘，则：

```
>>c=[7 8 9]
c=
     7     8     9
>>c*b
Error using  *
Inner matrix dimensions must agree.
>>c.*b
ans=
     7    16    27
```

【例 2-10】 点幂运算。

```
>>a=1:6
a=
     1     2     3     4     5     6
>>a.^2
ans=
     1     4     9    16    25    36
```

【例 2-11】 矩阵的除法。

在 MATLAB 中，x=a\b 是 a * x=b 的解，相当于 inv(a) * b。

```
>>a=rand(3)
a=
    0.7547    0.6551    0.4984
    0.2760    0.1626    0.9597
    0.6797    0.1190    0.3404
>>b=rand(3)
b=
    0.5853    0.2551    0.8909
    0.2238    0.5060    0.9593
    0.7513    0.6991    0.5472
>>c=a\b
c=
    1.2042    1.0084    0.3193
   -0.4681   -1.0937    0.3462
   -0.0338    0.4225    0.8490
>>d=inv(a) *b
d=
    1.2042    1.0084    0.3193
   -0.4681   -1.0937    0.3462
   -0.0338    0.4225    0.8490
```

【例 2-12】 数组的除法。数组 $\boldsymbol{a}$=[1 2 3]，数组 $\boldsymbol{b}$=[4 5 6]，求两数组的除法。

```
>>a=[1 2 3];
>>b=[4 5 6];
```

```
>>c=a./b
c=
    0.2500    0.4000    0.5000
>>d=b.\a
d=
    0.2500    0.4000    0.5000
```

【例 2-13】 矩阵的转置,运算符为"'"。如果矩阵 ***a*** 为复数矩阵,则 ***a***′为其复数共轭转置,若要进行非共轭转置运算,在 MATLAB 中可使用 a.′或 conj(a′)。例如,***a***=[1+2i 3+4i]。

```
>>a=[1+2i  3+4i];
>>a'
ans=

  1.0000-2.0000i
  3.0000-4.0000i
>>a.'
```

其运行结果为

```
ans=
  1.0000+2.0000i
  3.0000+4.0000i
```

2.3 M 文件

2.3.1 M 文件简介

用 MATLAB 语言编写的程序,称为 M 文件。

M 文件可以根据调用方式的不同分为两类,即脚本文件(命令文件)(Script File)和函数文件(Function File)。

(1) 脚本文件。将原本要在 MATLAB 环境下直接输入的多条语句,存放为.m 后缀的文件,在命令行输入文件名,可代替多条语句,一次执行成批命令。

脚本文件可以理解为简单的 M 文件,因为没有输入和输出变量。在脚本输入以下代码:

```
%圆形面积 area.m
r=3.33;                    %r 为圆形半径;
s=(r^2)*pi                 %s 为圆形面积;
```

给脚本文件命名 area 并保存。

在命令窗口输入 area,输出结果为

```
>>area
s=
  34.8368
```

(2) 函数文件。以固定格式书写的程序代码,第一行是函数定义行。和 C 语言、Fortran 等语言程序一样,如表 2-4 所示。

表 2-4　脚本文件和函数文件对比

对比项	脚 本 文 件	函 数 文 件
定义行	无须定义行	必须有
输入/输出变量	无	有
数据传送	直接访问 Work Space 中所有变量	通过函数形参传递数据
编程方法	直接选取 MATLAB 中执行的语句	精心设计完成指定功能
用途	重复操作	MATLAB 功能扩展

2.3.2　M 文件的创建和打开

文件类型是普通的文本文件,可以使用系统认可的文本文件编辑器来创建 M 文件,如 Windows 的记事本和 Word 等。

用 MATLAB 自带的编辑器来创建 M 文件(建议使用)。

(1) 使用 MATLAB 工具栏图标,如图 2-1 所示。

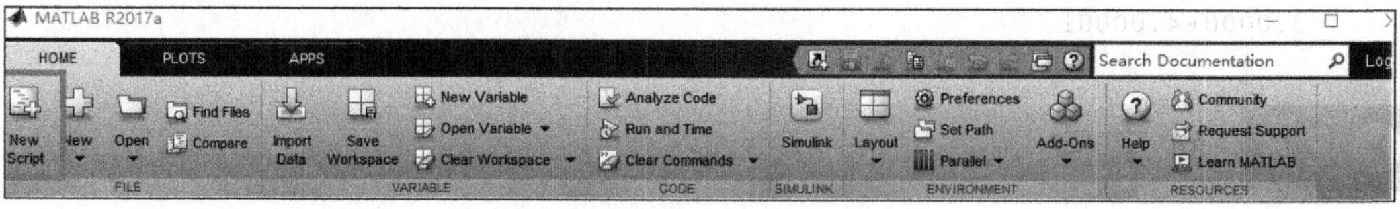

图 2-1　MATLAB 界面工具栏

(2) 命令法。单击桌面图标,或在命令窗口输入命令 edit,可以打开空白的 M 文件编辑器。

2.3.3　函数 M 文件

1. 内置函数文件

MATLAB 内部自带的函数文件称内置函数文件,如表 2-5 所示。

表 2-5　MATLAB 内部数学函数

函数名	说　明	函数名	说　明
$y=\sin(x)$	正弦,x 单位为 rad	$y=\cos(x)$	余弦,x 单位为 rad
$y=\tan(x)$	正切,x 单位为 rad	$y=\cot(x)$	余切,x 单位为 rad
$y=\exp(x)$	e 为底的指数	$y=\log(x)$	e 为底的对数
$y=\log2(x)$	2 为底的对数	$y=\log10(x)$	10 为底的对数
$y=\text{abs}(x)$	绝对值	$y=\text{sqrt}(x)$	平方根

2. M函数文件

M函数文件第一行必须包含function。

M函数文件一般由4个部分构成。

(1) 函数定义行。格式为

```
function [输出参数]=函数名(输入参数)
```

函数定义行,它表明该M文件包含一个函数,并且定义函数名、输入和输出参数。

例如,"function f =limit (f,x,a)"就是函数limit的定义行,其中function为关键字,f为输出参数,limit为函数名,f、x、a为输入参数。

(2) 函数帮助信息行。函数帮助信息行给出函数的帮助信息,帮助信息要从%开头,并放在一行的开头,用help+函数名可查询到。

(3) 函数体:是函数的功能实现部分。

(4) 注释:注释语句以百分号(%)开头,它可以出现在M文件的任何地方,用户也可以在一行代码的后面加注解语句。

例如,以函数形式求圆的面积和周长。函数文件如下:

```
function [s, p]=fcircle(r)
    %CIRCLE calculate the area and perimeter of a circle of radii r
    %r       圆半径
    %s       圆面积
    %p       圆周长
    s=pi * r * r;
    p=2 * pi * r;
end
```

以文件名fcircle.m保存。然后在MATLAB命令窗口调用该函数:

```
>>[s, p]=fcircle(10)
s=
  314.1593
p=
   62.8319
```

2.4 MATLAB的流程控制

作为一种计算机编程语言,MATLAB提供了多种用于程序流控制的描述关键词(Keyword)。本节只介绍其中最常用的条件控制(if、switch)和循环控制(for、while、continue、break)。由于MATLAB的这些指令与其他语言相应指令的用法十分相似,因此本节只结合MATLAB给定的描述关键词,对这些指令进行简要说明。

2.4.1 if-else-end条件控制

if-else-end指令为程序流提供了一种分支控制,它最常见的使用方式如表2-6所示。

表 2-6　if-else-end 分支结构的使用方式

单 分 支	双 分 支	多 分 支
if expr 　(commands) end	if expr 　(commands1) else 　(commands2) end	if expr1 　(commands) elseif expr2 　(commands) … else 　(commands k) end
当 expr 给出“逻辑 1”时，(commands)指令组才被执行	当 expr 给出“逻辑 1”时，(commands1)指令组被执行；否则，(commands2)被执行	expr1，expr2，… 中，首先给出“逻辑 1”的那个分支的指令组被执行；否则，(commands k)被执行 该使用方法常被 switch-case 所取代

【例 2-14】 已知函数 $y=\begin{cases} x, & x<-1 \\ x^3, & -1\leqslant x<1 \\ e^{-x+1}, & 1\leqslant x \end{cases}$，编写能对任意一组输入 x 值求相应 y 值的程序。

```
function y=exme (x)
%y=exme(x)    Function calculate of example
n=length(x);
for k=1:n
    if x(k)< -1
        y(k)=x(k);
    elseif x(k)>=1
        y(k)=exp(1-x(k));
    else
        y(k)=x(k)^3;
    end
end
x=[-2, -1.2, -0.4, 0.8, 1, 6]
y=exme(x)
```

其运行结果为

```
x=
   -2.0000   -1.2000   -0.4000    0.8000    1.0000    6.0000
y=
   -2.0000   -1.2000   -0.0640    0.5120    1.0000    0.0067 2
```

2.4.2 switch-case 控制结构

switch-case 控制结构的使用方式如表 2-7 所示。

表 2-7 switch-case 控制结构的使用方式

指令格式	含 义
switch expr case value_1 (commands1) case value_2 (commands2) case value_k (commandsk) otherwise (commands) end	● expr 为根据此前给定变量进行计算的表达式 ● value_1 是给定的数值、字符串标量(或单元数组) ● 若 expr 结果与 value_1(或其中的单元元素)相等,则执行 ● value_k 是给定的数值、字符串标量(或单元数组) ● 若 expr 结果与 value_k(或其中的单元元素)相等,则执行 ● 该情况是以上的“并”的“补” ● 若所有 case 都不发生,则执行该组命令

【例 2-15】 已知学生的名字和百分制分数。要求根据学生的百分制分数,分别采用“满分”“优秀”“良好”“及格”和“不及格”等表示学生的学习成绩。

```
clear;
A=cell(3, 5);    %创建 3 行 5 列的元胞数组
A(1, :)={'Jack', 'Marry', 'Peter', 'Rose', 'Tom'};
A(2, :)={72, 83, 56, 94, 100};
for k=1:5
   switch A{2, k}
   case 100
      r='满分';
   case A{2, k}>=90 & A{2, k}< 100
      r='优秀';
   case A{2, k}>=80 & A{2, k}< 90
      r='良好';
   case A{2, k}>=60 & A{2, k}< 80
      r='及格';
   otherwise
      r='不及格';
   end
    A(3, k)={r};
end
A

A=
    'Jack'    'Marry'    'Peter'    'Rose'    'Tom'
    [  72]    [  83]     [  56]     [  94]    [100]
    '及格'    '良好'     '不及格'   '优秀'    '满分'
```

2.4.3 for 循环和 while 循环

两种循环语句的使用格式如表 2-8 所示。

表 2-8 两种循环结构的使用格式

for 循环	while 循环
for ix=array (commands) end	while expression (commands) end

【例 2-16】 创建 Hilbert 矩阵。Hilbert 矩阵元素 $a(i,j)=\dfrac{1}{i+j-1}$。

```
K=5;
A=zeros(K, K) ;
for m=1:K
    for n=1:K
        A(m, n)=1/(m+n -1);
    end
end
format rat   %使用分数来表示数值;format hex 是以十六进制形式表示数值
A
format short g
A=
        1           1/2          1/3          1/4          1/5
        1/2         1/3          1/4          1/5          1/6
        1/3         1/4          1/5          1/6          1/7
        1/4         1/5          1/6          1/7          1/8
        1/5         1/6          1/7          1/8          1/9
```

【例 2-17】 利用 while 循环求解使 $n!$达到 100 位数的第一个 n 是多少？

```
n=1;
while prod(1:n)< =1e100          %prod 函数是向量各个元素乘积
  n=n+1;
end
n
```

【例 2-18】 用循环结构求解 $\sum_{i=1}^{100} i$。

解

```
>>s=0;
>>for i=1:100
      s=s+i
  end
```

或

```
>>s=0;i=1;
  while (i< =100)
```

```
      s=s+i;i=i+1;
  end, [s]
ans=
      5050
```

或

```
>>sum(1:100)      %借助 MATLAB 的 sum 函数对整个向量进行直接操作
ans=
      5050
```

【例 2-19】 求解级数求和问题 $S=\sum_{i=1}^{10000}\left(\frac{1}{2^i}+\frac{1}{3^i}\right)$。

解

```
>>tic, s=0;
>>for i=1:100000
s=s+1/2^i+1/3^i;
end;
```

运行结果为

```
s=1.5
```

【例 2-20】 创建 n 阶魔方矩阵,限定条件是 n 为能被 4 整除的偶数。

(1) 魔方矩阵(Magic Matrix)是指矩阵由 1 到 n^2 的正整数按照一定规则排列而成,并且每列、每行、每条对角线元素的和都等于$\frac{n(n^2+1)}{2}$。就生成规则而言,魔方矩阵可分成三类: n 为奇数;n 为不能被 4 整除的偶数;n 为能被 4 整除的偶数。

(2)程序如下。

```
%exme.m 生成一类魔方矩阵,该魔方矩阵的阶 n 为能被 4 整除的偶数
%A      为魔方矩阵
%n      魔方矩阵的阶数
clear
clc
while 1
    %<6>
  n=input('请输入一个能被 4 整除的正整数! n=');
    if mod(n, 4)==0
       %<8>
       break
     %<9>
     end
     %<10>
end
     %<11>
```

```
G=logical(eye(4, 4)+rot90(eye(4, 4)));
m=n/4;
K=repmat(G, m, m);
N=n^2;
A=reshape(1:N, n, n);
A(K)=N-A(K)+1
```

运行结果为

```
请输入一个能被 4 整除的正整数! n=4
A=
    16        5        9        4
     2       11        7       14
     3       10        6       15
    13        8       12        1
```

2.4.4 控制程序流的其他常用指令

其他程序控制语句如表 2-9 所示。

表 2-9 控制程序流的其他常用指令

指令及使用格式	使用说明
v=input('message') v=input('message','s')	该指令执行时,“控制权”交给键盘;待输入结束,按回车键,“控制权”交还 MATLAB。message 是提示用的字符串
keyboard	遇到 keyboard 时,将“控制权”交给键盘,用户可以从键盘输入各种 MATLAB 指令
break	break 指令,或导致包含该指令的 while、for 循环终止,或在 if-end、switch-case、try-catch 中导致中断
continue	跳过位于它之后的循环体中其他指令,而执行循环的下一个迭代
pause pause(n)	第一种格式使程序暂停执行,等待用户按任意键继续; 第二种格式使程序暂停 n 秒后,再继续执行
return	结束 return 指令所在函数的执行,而把控制转至主调函数或者指令窗;否则,只有待整个被调函数执行完后才会转出

1. break 语句和 continue 语句

break 语句用于终止循环的执行。continue 语句用于跳过当前循环,进入下一次循环。这两个语句一般与 if 语句配合使用。

例如,求[100,200]之间第一个能被 21 整除的整数。

程序如下:

```
for n=100:200
if rem(n, 21)~=0
continue
```

```
end
break
end
n
n=
105
```

2. try 语句

try 语句格式如下：

```
try
语句组 1
catch
语句组 2
end
```

try 语句先试探性地执行语句组 1，如果语句组 1 在执行过程中出现错误，则将错误信息赋给保留的 lasterr 变量，并转去执行语句组 2。

例如，矩阵乘法运算要求两矩阵的维数相同；否则会出错。先求两矩阵的乘积，若出错，则自动转去求两矩阵的点乘。

```
A=[1, 2, 3;4, 5, 6]; B=[7, 8, 9;10, 11, 12];
try
C=A * B;
catch
C=A. * B;
end
C
lasterr
```

运行结果如图 2-2 所示。

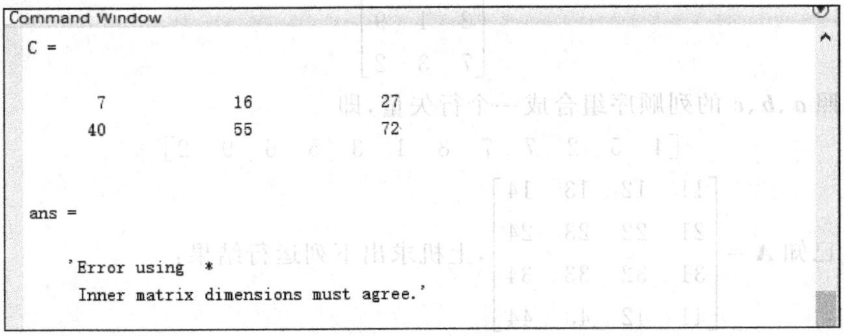
Command Window
C =
7 16 27
40 55 72
ans =
'Error using *
Inner matrix dimensions must agree.'

图 2-2 运行结果

习　题

2-1　$x=[30\ 45\ 60]$，x 单位为角度，求 x 的正弦值、余弦值、正切、余切值。

2-2　$a=[1\ 2\ 5]$，$b=[8\ -4\ 2]$，求 a、b 间各种关系运算和逻辑运算结果。

2-3　计算下列各表达式结果。

(1) (4−7i)(3+5i)；(2) 12/(5+7)；(3) 12/5+7 ；(4)(12/5)+7

2-4　计算矩阵 $\begin{bmatrix}5&3&5\\3&7&4\\7&9&8\end{bmatrix}$ 与 $\begin{bmatrix}2&4&2\\6&7&9\\8&3&6\end{bmatrix}$ 之和。

2-5　求 $x=\begin{bmatrix}4+8i&3+5i&2-7i&1+4i&7-5i\\3+2i&7-6i&9+4i&3-9i&4+4i\end{bmatrix}$ 的共轭转置。

2-6　计算 $a=\begin{bmatrix}6&9&3\\2&7&5\end{bmatrix}$ 与 $b=\begin{bmatrix}2&4&1\\4&6&8\end{bmatrix}$ 的数组乘积。

2-7　对于 $AX=B$，如果 $A=\begin{bmatrix}4&9&2\\7&6&4\\3&5&7\end{bmatrix}$，$B=\begin{bmatrix}37\\26\\28\end{bmatrix}$，求解 X。

2-8　已知：$a=\begin{bmatrix}1&2&3\\4&5&6\\7&8&9\end{bmatrix}$，分别计算 a 的数组平方和矩阵平方，并观察其结果。

2-9　用四舍五入的方法将数组[2.4568 6.3982 3.9375 8.5042]取整。

2-10　将矩阵 $a=\begin{bmatrix}4&2\\7&5\end{bmatrix}$、$b=\begin{bmatrix}7&1\\8&3\end{bmatrix}$ 和 $c=\begin{bmatrix}5&9\\6&2\end{bmatrix}$ 组合成两个新矩阵：求 $a(:)$。

(1) 组合成一个 4×3 的矩阵，第一列为按列顺序排列的 a 矩阵元素，第二列为按列顺序排列的 b 矩阵元素，第三列为按列顺序排列的 c 矩阵元素，即

$$\begin{bmatrix}4&7&5\\5&8&6\\2&1&9\\7&3&2\end{bmatrix}$$

(2) 按照 a、b、c 的列顺序组合成一个行矢量，即

$$[4\ \ 5\ \ 2\ \ 7\ \ 7\ \ 8\ \ 1\ \ 3\ \ 5\ \ 6\ \ 9\ \ 2]$$

2-11　已知 $A=\begin{bmatrix}11&12&13&14\\21&22&23&24\\31&32&33&34\\41&42&43&44\end{bmatrix}$，上机求出下列运行结果：

A(:,1),**A**(2,:),**A**(:,2:3)**A**(:,3),**A**(2:3),**A**(:,1:2:3),**A**(:)

A(:,:),ones(2,2),eye(2),[**A**,[ones(2,2);eye(2)]],diag(**A**),diag(**A**,1),diag(**A**,−1)

diag(**A**,2),max(**A**),min(**A**),sum(**A**),max(**A**(:))

2-12 命令文件与函数文件的主要区别是什么?

2-13 如何定义全局变量?

2-14 if语句有几种表现形式?

2-15 说明break语句和return语句的用法。

2-16 编制一个解数论问题的函数文件：取任意整数，若是偶数，则用2除；否则乘3加1，重复此过程，直到整数变为1。

2-17 有一组学生的考试成绩(表2-10)，根据规定，成绩在100分时为满分，成绩在90～99之间时为优秀，成绩在80～89分之间时为良好，成绩在60～79分之间时为及格，成绩在60分以下时为不及格。编制一个根据成绩划分等级的程序。

表2-10 考试成绩

学生姓名	王	张	刘	李	陈	杨	于	黄	郭	赵
成　绩	72	83	56	94	100	88	96	68	54	65

2-18 编写一段程序，能够把输入的摄氏温度转化成华氏温度，也能把华氏温度转化成摄氏温度。

第3章 MATLAB图形绘制与图形编辑

视觉是人们感受世界、认识自然的最重要依靠。数据可视化的目的在于：通过图形，从一堆杂乱的离散数据中观察数据间的内在关系，感受由图形所传递的内在本质。MATLAB一向注重数据的图形表示，并不断地采用新技术改进和完备其可视化功能。

本章将系统阐述曲线、曲面绘制的基本技法和指令；如何使用线型、色彩、数据点标记凸显不同数据的特征；如何利用着色、灯光照明、烘托表现高维函数的形状；如何生成和运用标识画龙点睛般地注释图形等。

本章的图形指令只涉及MATLAB的“高层”绘图指令。这种指令的形态和格式友善、易于理解和使用。整章内容遵循由浅入深、由基础到高级、由算例到归纳的原则。所有算例都是运行实例，易于读者实践检验，并从中掌握一般规律。

3.1 引导

3.1.1 离散数据和离散函数的可视化

众所周知，一对实数标量(x,y)可表示为平面上的一个点；进而，一对实数“向量”$(\boldsymbol{x},\boldsymbol{y})$可表示为平面上的一组点。MATLAB就是利用这种几何比拟法实现了离散数据的可视化。

离散函数可视化的步骤：先根据离散函数特征选定一组自变量$\boldsymbol{x}=[x_1,x_2,\cdots,x_N]^{\mathrm{T}}$；再根据所给离散函数$y_n=f(x_n)$算得相应的$\boldsymbol{y}=[y_1,y_2,\cdots,y_N]^{\mathrm{T}}$，然后在平面上用几何形式表现这组向量对$(\boldsymbol{x},\boldsymbol{y})$。

【例3-1】 用图形表示离散函数$y=|n|$。

```
n=(-10:10)';
y=abs(n);
plot(n,y,'r.','MarkerSize',20)
axis equal
grid on
xlabel('n')
```

运行结果如图3-1所示。

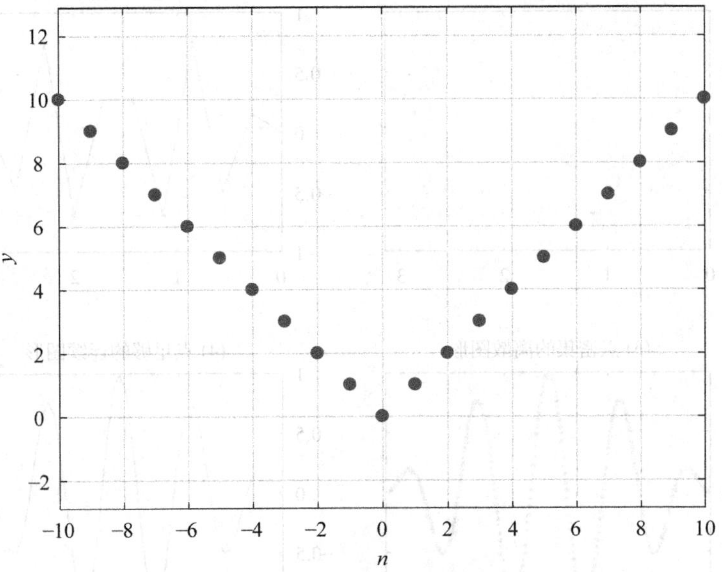

图 3-1 离散函数的可视化

3.1.2 连续函数的可视化

连续函数可视化包含 3 个重要环节：从连续函数获得一组采样数据，即选定一组自变量采样点（包括采样的起点、终点和采样步长），并计算相应的函数值；离散数据的可视化；图形上离散点的连续化。

【例 3-2】 用图形表示连续调制波形 $y=\sin(t)\sin(9t)$。

```
t1=(0:11)/11*pi;
t2=(0:400)/400*pi;
t3=(0:50)/50*pi;
y1=sin(t1).*sin(9*t1);
y2=sin(t2).*sin(9*t2);
y3=sin(t3).*sin(9*t3);
subplot(2,2,1),plot(t1,y1,'r.')                %<7>
axis([0,pi,-1,1]),title('(1)点过少的离散图形')
subplot(2,2,2),plot(t1,y1,t1,y1,'r.')          %<9>
axis([0,pi,-1,1]),title('(2)点过少的连续图形')
subplot(2,2,3),plot(t2,y2,'r.')                %<11>
axis([0,pi,-1,1]),title('(3)点密集的离散图形')
subplot(2,2,4),plot(t3,y3)                     %<13>
axis([0,pi,-1,1]),title('(4)点足够的连续图形')
```

运行结果如图 3-2 所示。

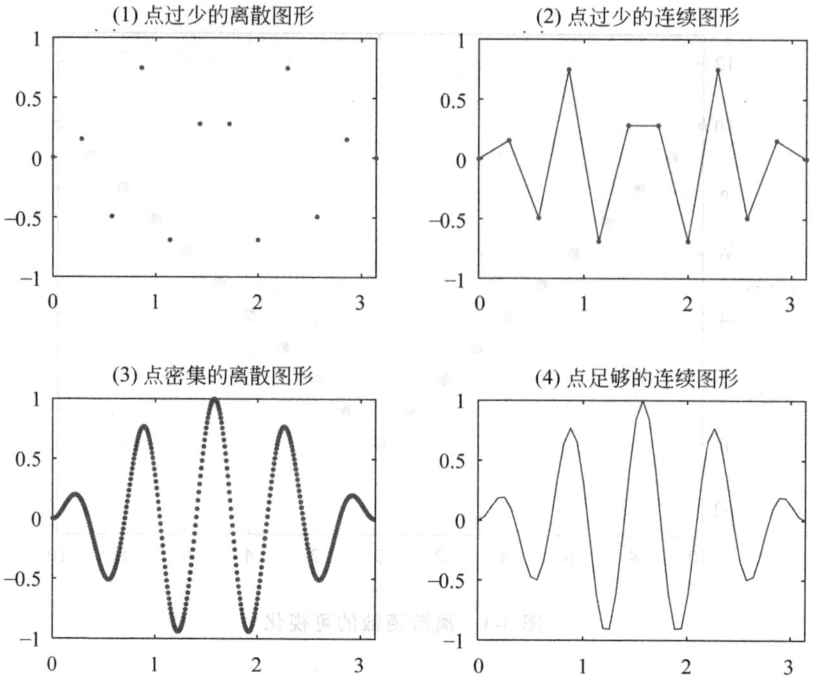

图 3-2　连续函数的图形表示方法

3.2 二维曲线和图形

MATLAB 提供了多种二维图形的绘制指令(表 3-1)但其中最重要、最基本的指令是 plot。其他许多特殊绘图指令,或以它为基础形成,或使用场合较少。出于简明考虑,本节着重介绍 plot 的使用。

3.2.1　二维曲线绘制的基本指令 plot

1. plot 的基本调用格式

```
plot(x,y,'s')
```

2. plot 的衍生调用格式

(1) 单色或多色绘制多条曲线。

格式 1: plot(X,Y,'s'),用 s 指定的点形、线形、色彩绘制多条曲线。

格式 2: plot(X,Y),采用默认的色彩次序用细实线绘制多条曲线。

(2) 多三元组绘制多条曲线。

格式为

```
plot(X1,Y1,'s1',X2,Y2,'s2',...,Xn,Yn,'sn')
```

(3) 单输入量绘线。

格式为

```
plot(Y)
```

plot 的属性可控调用格式：

```
plot(x, y, 's', 'PropertyName', PropertyValue, ...)
```

【例 3-3】 二维曲线绘图指令演示之一。

```
clf
t=(0:pi/50:3*pi)';
k=0.4:0.1:1;
Y=cos(t)*k;
subplot(1,2,1),plot(t,Y,'LineWidth',1.5)
title('By plot(t,Y)'),xlabel('t')
subplot(1,2,2),plot(Y,'LineWidth',1.5)
title('By plot(Y)'),xlabel('row subscript of Y')
```

运行结果如图 3-3 所示。

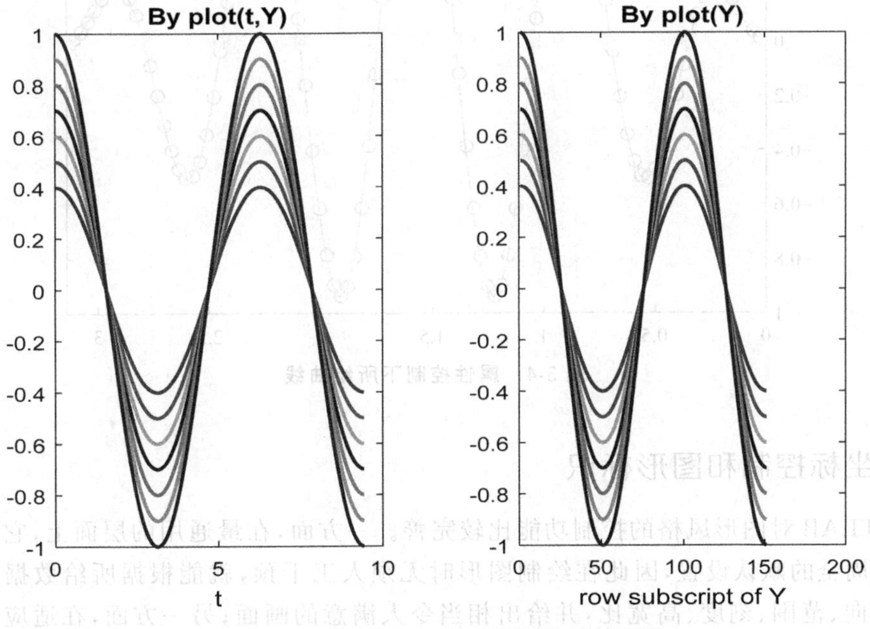

图 3-3 plot(t,Y)与 plot(Y)所绘曲线的区别

【例 3-4】 用图形表示连续调制波形 $y=\sin(t)\sin(9t)$ 及其包络线。

```
t=(0:pi/100:pi)';                  %<1>
y1=sin(t)*[1,-1];                  %<2>
y2=sin(t).*sin(9*t);               %<3>
t3=pi*(0:9)/9;                     %<4>
y3=sin(t3).*sin(9*t3);             %<5>
plot(t,y1,'r:',t,y2,'-bo')         %<6>
```

```
hold on
plot(t3,y3,'s','MarkerSize',10,'MarkerEdgeColor',[0,1,0],'MarkerFaceColor',
[1,0.8,0])                                    %<8>
axis([0,pi,-1,1])                             %<9>
hold off                                      %<10>
%以下指令供读者比较用。使用时,指令前的 %号要去除。
%属性影响该指令中的所有线对象中的离散点。
%plot(t,y1,'r:',t,y2,'-bo',t3,y3,'s','MarkerSize',10,'MarkerEdgeColor',[0,1,
0],'MarkerFaceColor',[1,0.8,0])               %<10>
```

运行结果如图 3-4 所示。

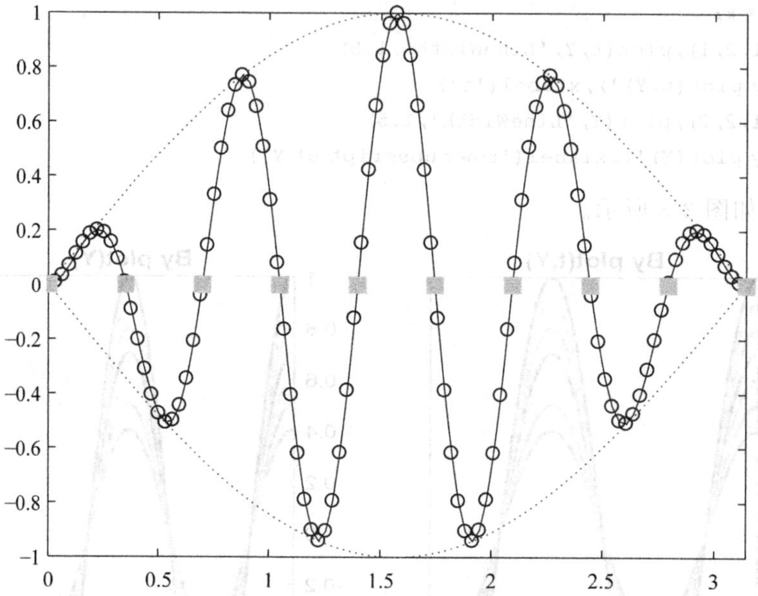

图 3-4 属性控制下所绘曲线

3.2.2 坐标控制和图形标识

MATLAB对图形风格的控制功能比较完善。一方面,在最通用的层面上,它采用了一系列考虑周全的默认设置,因此在绘制图形时无须人工干预,就能根据所给数据自动地确定坐标取向、范围、刻度、高宽比,并给出相当令人满意的画面;另一方面,在适应用户的层面上,它又给出了一系列便于使用的指令,可让用户根据需要和爱好去改变默认设置。

1. 坐标轴的控制

【例 3-5】 观察各种轴控制指令的影响。演示采用长轴为 3.25、短轴为 1.15 的椭圆。注意:采用多子图(图 3-5)表现时,图形形状不仅受"控制指令"的影响,而且受整个图面"宽高比"及"子图数目"的影响。本书这样处理,是出于篇幅考虑。读者如果想准确体会控制指令的影响,请在全图状态下进行观察。

```
t=0:2*pi/99:2*pi;
```

```
x=1.15*cos(t);y=3.25*sin(t);
subplot(2,3,1),plot(x,y),axis normal,grid on,
title('Normal and Grid on')
subplot(2,3,2),plot(x,y),axis equal,grid on,title('Equal')
subplot(2,3,3),plot(x,y),axis square,grid on,title('Square')
subplot(2,3,4),plot(x,y),axis image,box off,title('Image and Box off')
subplot(2,3,5),plot(x,y),axis image fill,box off
title('Image and Fill')
subplot(2,3,6),plot(x,y),axis tight,box off,title('Tight')
```

运行结果如图 3-5 所示。

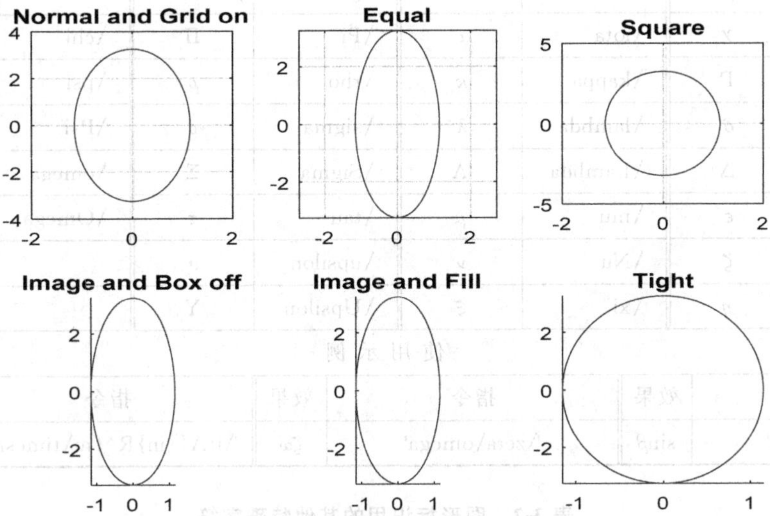

图 3-5　各种轴控制指令的不同影响

2. 分格线和坐标框

(1) grid：是否画分格线的双向切换指令(使当前分格线状态翻转)。

(2) grid on：画出分格线。

(3) grid off：不画分格线。

(4) box：坐标形式在封闭式和开启式之间切换指令。

(5) box on：使当前坐标呈封闭形式。

(6) box off：使当前坐标呈开启形式。

3. 图形标识指令

图形标识包括图名(Title)、坐标轴名(Label)、图形注释(Text)和图例(Legend)。标识指令的最简捷使用格式如下。

(1) title(S)：书写图名。

(2) xlabel(S)：横坐标轴名。

(3) ylabel(S)：纵坐标轴名。

(4) legend(S1,S2,...)：绘制曲线所用线形、色彩或数据点形图例。

(5) text(xt,yt,S)：在图中(xt,yt)坐标处书写字符注释。

4. 标识指令中字符的精细控制

标识相关指令如表 3-1 至表 3-4 所示。

表 3-1 图形标识用的希腊字母

指令	字符	指令	字符	指令	字符	指令	字符
\alpha	α	\theta	θ	\Xi	Ξ	\phi	φ
\beta	β	\Theta	Θ	\pi	π	\Phi	Φ
\gamma	γ	\iota	ι	\Pi	Π	\chi	χ
\Gamma	Γ	\kappa	κ	\rho	ρ	\psi	ψ
\delta	δ	\lambda	λ	\sigma	σ	\Psi	Ψ
\Delta	Δ	\Lambda	Λ	\Sigma	Σ	\omega	ω
\epsilon	ε	\mu	μ	\tau	τ	\Omega	Ω
\zeta	ζ	\Nu	ν	\upsilon	υ		
\eta	η	\xi	ξ	\Upsilon	Υ		

使 用 示 例

指令	效果	指令	效果	指令	效果
'sin\beta'	sinβ	'\zeta\omega'	$\zeta\omega$	'\itA{\in}R^{m\timesn}'	$A\in R^{m\times n}$

表 3-2 图形标识用的其他特殊字符

指令	字符	指令	字符	指令	字符	指令	字符	指令	字符
\approx	≈	\propto	∝	\exists	∃	\cap	∩	\downarrow	↓
\cong	≅	\sim	~	\forall	∀	\cup	∪	\leftarrow	←
\div	÷	\times	×	\in	∈	\subset	⊂	\leftrightarrow	↔
\equiv	≡	\oplus	⊕	\infty	∞	\subseteq	⊆	\rightarrow	→
\geq	⩾	\oslash	∅	\perp	⊥	\supset	⊃	\uparrow	↑
\leq	⩽	\otimes	⊗	\prime	′	\supseteq	⊇	\circ	∘
\neq	≠	\int	∫	\cdot	·	\Im	ℑ	\bullet	•
\pm	±	\partial	∂	\ldots	…	\Re	ℜ	\copyright	©

表 3-3 上下标的控制指令

类别	指令	arg 取值	举 例	
			示例指令	效果
上标	^{arg}	任何合法字符	'\ite^{-t}sint'	$e^{-t}\sin t$
下标	_{arg}	任何合法字符	'x~{\chi}_{\alpha}^{2}(3)'	$x\sim\chi_{\alpha}^{2}(3)$

表 3-4 字体式样设置规则

字体	指 令	arg 取值	举 例	
			示例指令	效果
名称	\fontname{arg}	arial; courier; roman; 宋体;隶书;黑体……	'\fontname{courier}Example 1' '\fontname{隶书}范例 2'	Example 1 范例 2
风格	\arg	bf (黑体) it(斜体一) sl(斜体二) rm(正体)	'\bfExample 3' '\itExample 4'	**Example 3** *Example 4*
大小	\fontsize{arg}	正整数 默认值为 10 (Points 磅)	'\fontsize{14}Example 5' '\fontsize{6}Example 6'	Example 5 Example 6

【例 3-6】 本例非常简单,专供试验标识用。读者在指令窗中反复调用这两条指令就可以检查自己对指令、标识的理解是否正确。当然每次试验时,第<5>条指令中的字符串读者可根据自己的需要改变。

```
clf;t=0:pi/50:2*pi;
y=sin(t);
plot(t,y)
axis([0,2*pi,-1.2,1.2])
text(pi/2,1,'\fontsize{16}\leftarrow\itsin(t)\fontname{隶书}极大值')
%<5>
title('y=sin(t)')
xlabel('t')
ylabel('y')
```

运行结果如图 3-6 所示。

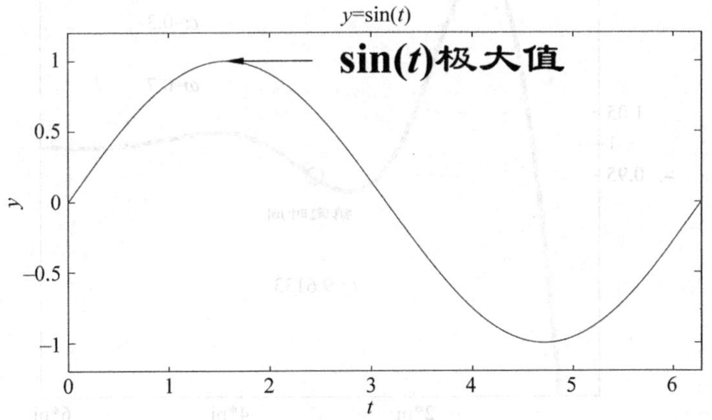

图 3-6 试验标识的图形

【例 3-7】 通过绘制二阶系统阶跃响应,综合演示图形标识。本例比较综合,涉及的指令较广。请读者耐心读、实际做,再看例后说明,定会获益匪浅。

```
clf;t=6*pi*(0:100)/100;
y=1-exp(-0.3*t).*cos(0.7*t);
plot(t,y,'r-','LineWidth',3)                                        %<3>
hold on
tt=t(find(abs(y-1)>0.05));ts=max(tt);                               %<5>
plot(ts,0.95,'bo','MarkerSize',10)                                  %<6>
hold off
axis([-inf,6*pi,0.6,inf])
set(gca,'Xtick',[2*pi,4*pi,6*pi],'Ytick',[0.95,1,1.05,max(y)])      %<9>
set(gca,'XtickLabel',{'2*pi';'4*pi';'6*pi'})                        %<10>
set(gca,'YtickLabel',{'0.95';'1';'1.05';'max(y)'})                  %<11>
grid on
text(13.5,1.2,'\fontsize{12}{\alpha}=0.3')                          %<13>
text(13.5,1.1,'\fontsize{12}{\omega}=0.7')                          %<14>

cell_string{1}='\fontsize{12}\uparrow';                             %<15>
cell_string{2}='\fontsize{16} \fontname{隶书}镇定时间';
cell_string{3}='\fontsize{6}';
cell_string{4}=['\fontsize{14}\rmt_{s}=' num2str(ts)];              %<18>
text(ts,0.85,cell_string,'Color','b','HorizontalAlignment','Center') %<19>
title('\fontsize{14}\it y=1-e^{-\alpha t}cos{\omegat}')             %<20>
xlabel('\fontsize{14} \bft \rightarrow')
ylabel('\fontsize{14} \bfy \rightarrow')                            %<22>
```

运行结果如图 3-7 所示。

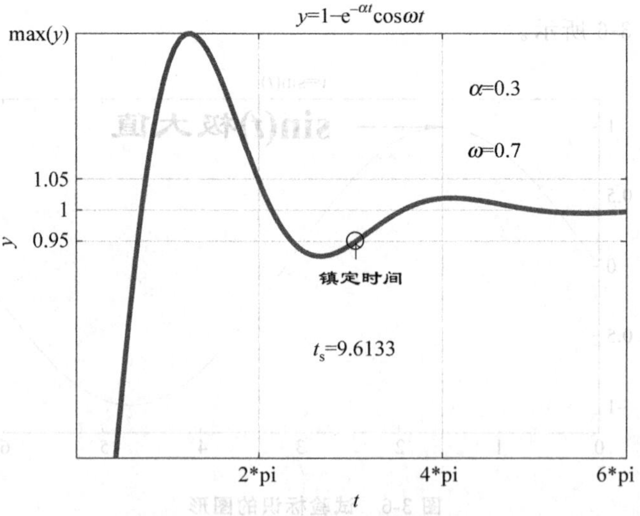

图 3-7　二阶阶跃响应图的标识

3.2.3 多次叠绘、双纵坐标和多子图

1. 多次叠绘

(1) hold on：使当前轴及图形保持而不被刷新，准备接受此后将绘制的新曲线。

(2) hold off：使当前轴及图形不再具备不被刷新的性质。

(3) hold：当前图形是否具备刷新性质的双向切换开关。

【例 3-8】 利用 hold 绘制离散信号通过零阶保持器后产生的波形。

```
t=2*pi*(0:20)/20;
y=cos(t).*exp(-0.4*t);
stem(t,y,'g','Color','k');
hold on
stairs(t,y,':r','LineWidth',3)
hold off
legend('\fontsize{14}\it stem','\fontsize{14}\it stairs')
box on
```

运行结果如图 3-8 所示。

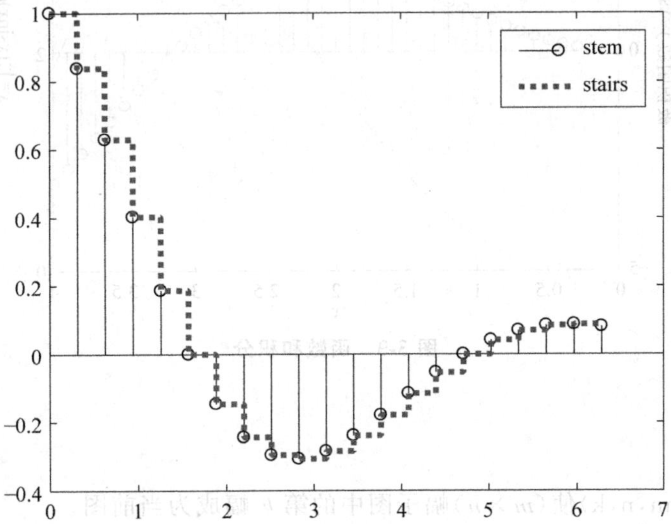

图 3-8 离散信号的重构

2. 双纵坐标图

(1) plotyy(X1,Y1,X2,Y2)：以左、右不同纵轴绘制 X1－Y1、X2－Y2 两条曲线。

(2) plotyy(X1,Y1,X2,Y2,'FUN')：以左、右不同纵轴把 X1－Y1、X2－Y2 绘制成 FUN 指定形式的两条曲线。

(3) plotyy(X1,Y1,X2,Y2,'FUN1','FUN2')：以左、右不同纵轴把 X1－Y1、X2－Y2 绘制成 FUN1、FUN2 指定的不同形式的两条曲线。

【例 3-9】 画出函数 $y = x\sin x$ 和积分 $s = \int_0^x (x\sin x)\mathrm{d}x$ 在区间[0,4]上的曲线。

```
clf;dx=0.1;x=0:dx:4;y=x.*sin(x);
s=cumtrapz(y)*dx;                                          %<2>
a=plotyy(x,y,x,s,'stem','plot');                           %<3>
text(0.5,1.5,'\fontsize{14}\ity=xsinx')                    %<4>
sint='{\fontsize{16}\int_{\fontsize{8}0}^{x}}';            %<5>
ss=['\fontsize{14}\its=',sint,'\fontsize{14}\itxsinxdx'];  %<6>
text(2.5,3.5,ss)                                           %<7>
set(get(a(1),'Ylabel'),'String','被积函数 \ity=xsinx')      %<8>
set(get(a(2),'Ylabel'),'String',ss)                        %<9>
xlabel('x')
```

运行结果如图 3-9 所示。

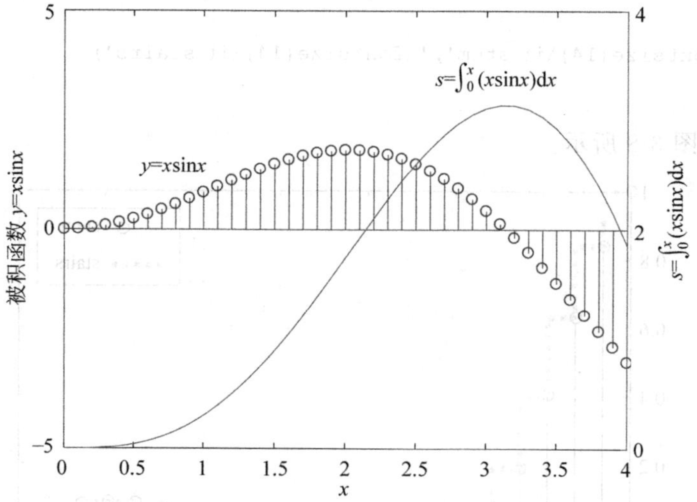

图 3-9 函数和积分

3. 多子图

(1) subplot(m,n,k)使($m\times n$)幅子图中的第 k 幅成为当前图。

(2) subplot('position',[left bottom width height])在指定位置上开辟子图，并成为当前图。

【例 3-10】 演示 subplot 指令对图形窗的分割。

```
clf;t=(pi*(0:1000)/1000)';
y1=sin(t);y2=sin(10*t);y12=sin(t).*sin(10*t);
subplot(2,2,1),plot(t,y1);axis([0,pi,-1,1])
subplot(2,2,2),plot(t,y2);axis([0,pi,-1,1])
subplot('position',[0.2,0.1,0.6,0.40])
plot(t,y12,'b-',t,[y1,-y1],'r:')
axis([0,pi,-1,1])
```

运行结果如图 3-10 所示。

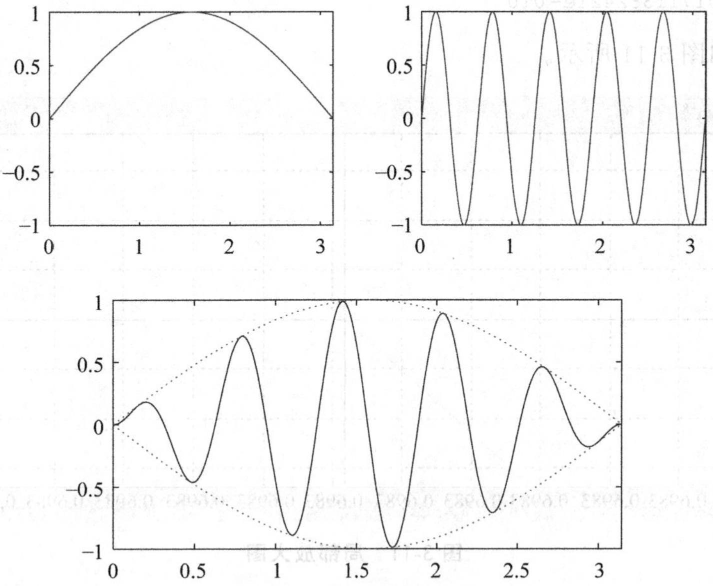

图 3-10 多子图的布置

3.2.4 获取二维图形数据的指令 ginput

语法格式为

```
[x,y]=ginput(n)
```

用鼠标从二维图形上获取 n 个点的数据坐标(x,y)。

【例 3-11】 采用图解法求$(x+2)^x=2$ 的解。

(1) 方法 1：plot 函数法。

```
clf
x=-1:0.01:5;
y=(x+2).^x-2;
plot(x,y)
grid on
```

(2) 方法 2：ginput 函数法。

```
[x,y]=ginput(1);
```

(3) 方法 3：format long 函数法。

```
format long
x,y
x=
   0.69828692903537
```

```
y=
  -5.884401711382421e-010
```

运行结果如图 3-11 所示。

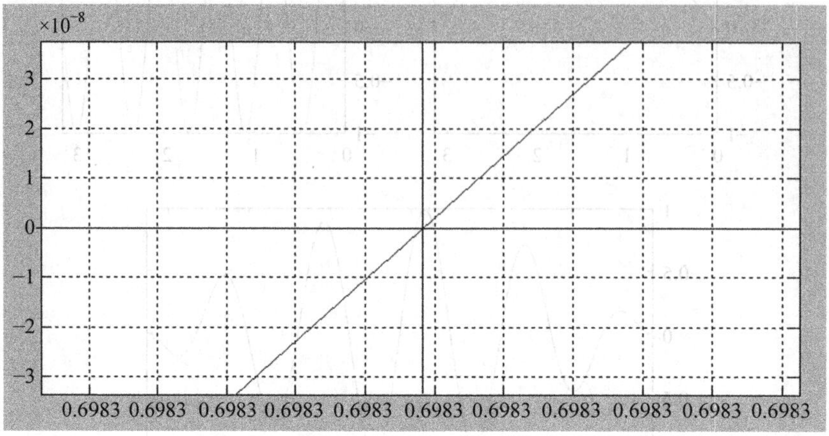

图 3-11 局部放大图

3.3 三维曲线和曲面

3.3.1 三维线图指令 plot3

(1) plot3(X,Y,Z,'s'):用 s 指定的点形、线形、色彩绘制曲线。

(2) plot3(X1,Y1,Z1,'s1',X2,Y2,Z2,'s2',…):用 s1、s2 指定的点形、线形、色彩绘制多类曲线。

【例 3-12】 三维曲线绘图。本例演示三维曲线的参数方程;线形、点形和图例。

```
t=(0:0.02:2)*pi;
x=sin(t);y=cos(t);z=cos(2*t);
plot3(x,y,z,'b-',x,y,z,'bd')
view([-82,58]),box on
xlabel('x'),ylabel('y'),zlabel('z')
legend('链','宝石')
```

运行结果如图 3-12 所示。

3.3.2 三维曲面/网线图

绘制曲面/网线图的基本指令如下。

(1) surf(Z):以 **Z** 矩阵列、行下标为 x、y 轴自变量,画曲面图。

(2) surf(X,Y,Z):最常用的曲面图调用格式。

(3) surf(X,Y,Z,C):最完整调用格式,画由 C 指定用色的曲面图。

(4) mesh(Z):以 **Z** 矩阵列、行下标为 x、y 轴自变量,画网线图。

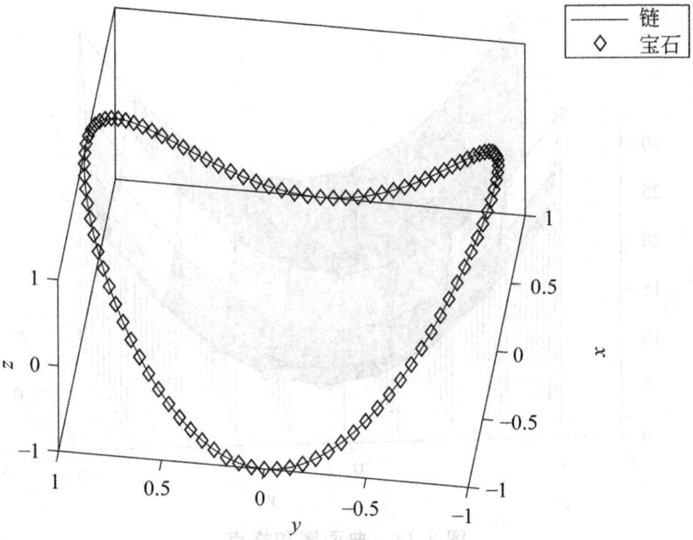

图 3-12　宝石项链

(5) mesh(X,Y,Z)：最常用的网线图调用格式。

(6) mesh(X,Y,Z,C)：最完整调用格式，画由 C 指定用色的网线图。

【例 3-13】 用曲面图表现函数 $Z=x^2+y^2$。

```
clf
x=-4:4;y=x;
[X,Y]=meshgrid(x,y);
Z=X.^2+Y.^2;
surf(X,Y,Z);
colormap(hot)
hold on
stem3(X,Y,Z,'bo')
hold off
xlabel('x'),ylabel('y'),zlabel('z')
axis([-5,5,-5,5,0,inf])
view([-84,21])
```

运行结果如图 3-13 所示。

3.3.3 曲面/网线图的精细修饰

1. 色图 colormap

colormap(CM)：设置当前图形窗的着色色图为 CM(表 3-5)。

2. 浓淡处理 shading

shading options：图形对象着色的浓淡处理。

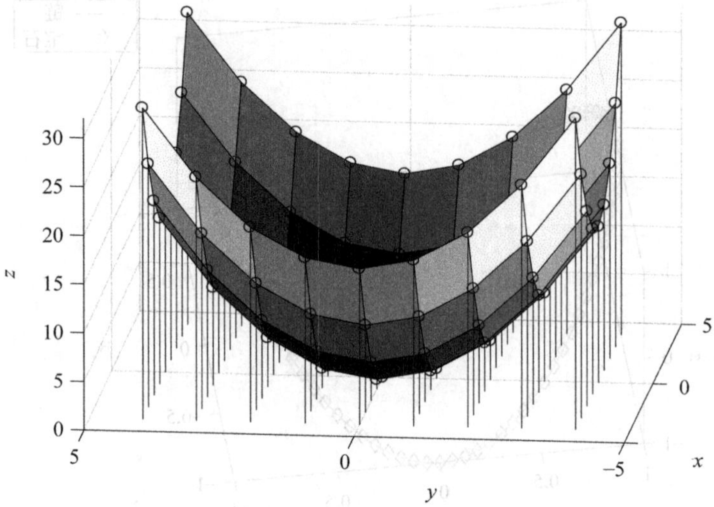

图 3-13　曲面图和格点

表 3-5　MATLAB 的预定义色图矩阵 CM

CM	含　义	CM	含　义
autumn	红、黄浓淡色	jet	蓝头红尾饱和值色
bone	蓝色调浓淡色	lines	采用 plot 绘线色
colorcube	三浓淡多彩交错色	pink	淡粉红色图
cool	青、品红浓淡色	prism	光谱交错色
copper	纯铜色调线性浓淡色	spring	青、黄浓淡色
flag	红-白-蓝-黑交错色	summer	绿、黄浓淡色
gray	灰色调线性浓淡色	winter	蓝、绿浓淡色
hot	黑、红、黄、白浓淡色	white	全白色
hsv	两端为红的饱和值色		

注：jet 是默认色图。

【例 3-14】 3 种浓淡处理方式比较。

```
clf
x=-4:4;y=x;
[X,Y]=meshgrid(x,y);
Z=X.^2+Y.^2;
surf(X,Y,Z)
colormap(jet)
subplot(1,3,1),surf(Z),axis off
subplot(1,3,2),surf(Z),axis off,shading flat
subplot(1,3,3),surf(Z),axis off,shading interp
set(gcf,'Color','w')
```

运行结果如图 3-14 所示。

图 3-14 3 种浓淡处理方式比较

3. 透明度控制 alpha

alpha(v)：对面、块、象 3 种图形对象的透明度加以控制。

【例 3-15】 半透明的表面图。

```
clf
surf(peaks)
shading interp
alpha(0.5)
colormap(summer)
```

运行结果如图 3-15 所示。

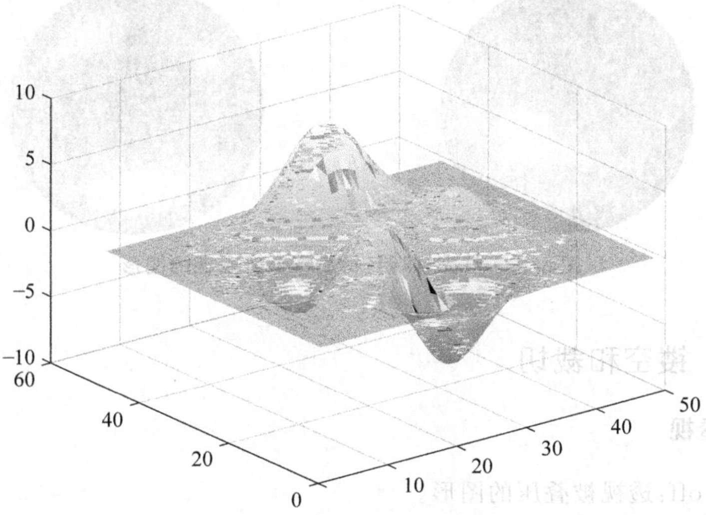

图 3-15 半透明薄膜

4. 灯光设置 light

light('color',option1,'style',option2,'position',option3)：灯光设置。

5. 照明模式 lighting

lighting options：设置照明模式。

6. 控制光反射的材质指令 material

material options：使用预定义反射模式。

【例 3-16】 灯光、照明、材质指令所表现的图形。

```
clf;
[X,Y,Z]=sphere(40);
colormap(jet)                                                          %<3>
subplot(1,2,1),surf(X,Y,Z),axis equal off,shading interp              %<4>
light ('position',[0 -10 1.5],'style','infinite')                     %<5>
lighting phong                                                         %<6>
material shiny                                                         %<7>
subplot(1,2,2),surf(X,Y,Z,-Z),axis equal off,shading flat             %<8>
light;lighting flat                                                    %<9>
light('position',[-1,-1,-2],'color','y')                               %<10>
light('position',[-1,0.5,1],'style','local','color','w')               %<11>
set(gcf,'Color','w')
```

运行结果如图 3-16 所示。

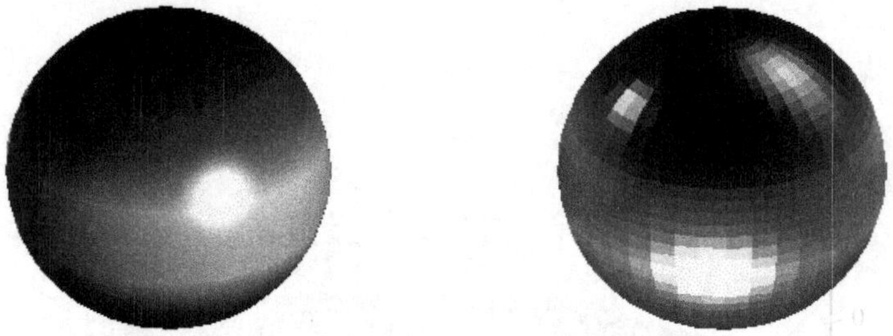

图 3-16　灯光、照明、材质指令所表现的图形

3.3.4 透视、镂空和裁切

1. 图形的透视

(1) hidden off:透视被叠压的图形。

(2) hidden on：消隐被叠压的图形。

【例 3-17】 透视演示。

```
[X0,Y0,Z0]=sphere(30);
X=2*X0;Y=2*Y0;Z=2*Z0;
surf(X0,Y0,Z0);
shading interp
hold on,mesh(X,Y,Z),colormap(hot)
hold off
hidden off
axis equal,axis off
```

运行结果如图 3-17 所示。

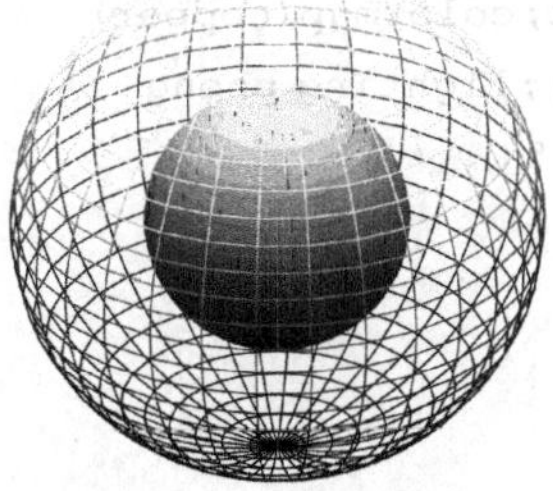

图 3-17 剔透玲珑球

2. 图形的镂空

【例 3-18】 演示如何利用“非数”NaN，对图形进行镂空处理。

```
P=peaks(30);
P(18:20,9:15)=NaN;
surfc(P);
colormap(hot)
light('position',[50,-10,5])
material([0.9,0.9,0.6,15,0.4])
grid off,box on
```

运行结果如图 3-18 所示。

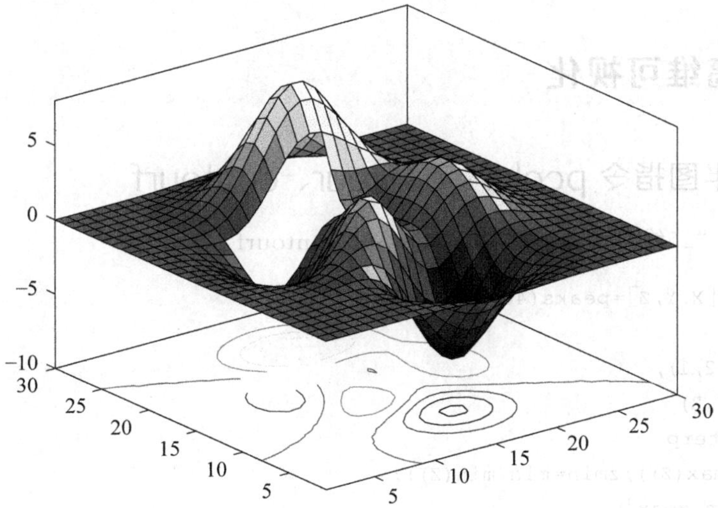

图 3-18 镂方孔的曲面

3. 裁切

【例 3-19】 表现切面。

```
clf,x=[-8:0.1:8];y=x;[X,Y]=meshgrid(x,y);ZZ=X.^2-Y.^2;
```

```
ii=find(abs(X)>6|abs(Y)>6);
ZZ(ii)=zeros(size(ii));
surf(X,Y,ZZ),shading interp;colormap(copper)
light('position',[0,-15,1]);lighting phong
material([0.8,0.8,0.5,10,0.5])
```

运行结果如图 3-19 所示。

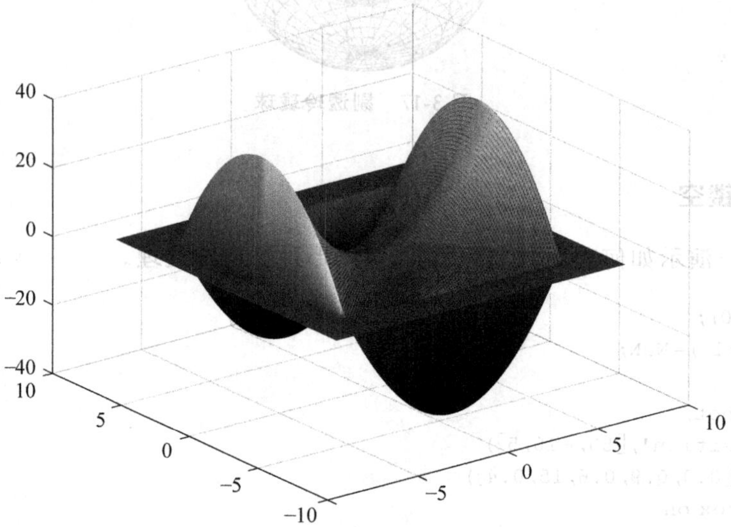

图 3-19　经裁切处理后的图形

3.4 高维可视化

3.4.1 二维半图指令 pcolor、contour、contourf

【例 3-20】“二维半”指令 pcolor、contour、contourf 的应用。

```
clf;clear;[X,Y,Z]=peaks(40);
n=6;
subplot(1,2,1),
pcolor(X,Y,Z)
shading interp
zmax=max(max(Z));zmin=min(min(Z));
caxis([zmin,zmax])
colorbar
hold on
C=contour(X,Y,Z,n,'k:');
clabel(C)
hold off
subplot(1,2,2)
[C,h]=contourf(X,Y,Z,n,'k:');
```

```
clabel(C,h)
colormap(cool)
set(gcf,'Color','w')
```

运行结果如图 3-20 所示。

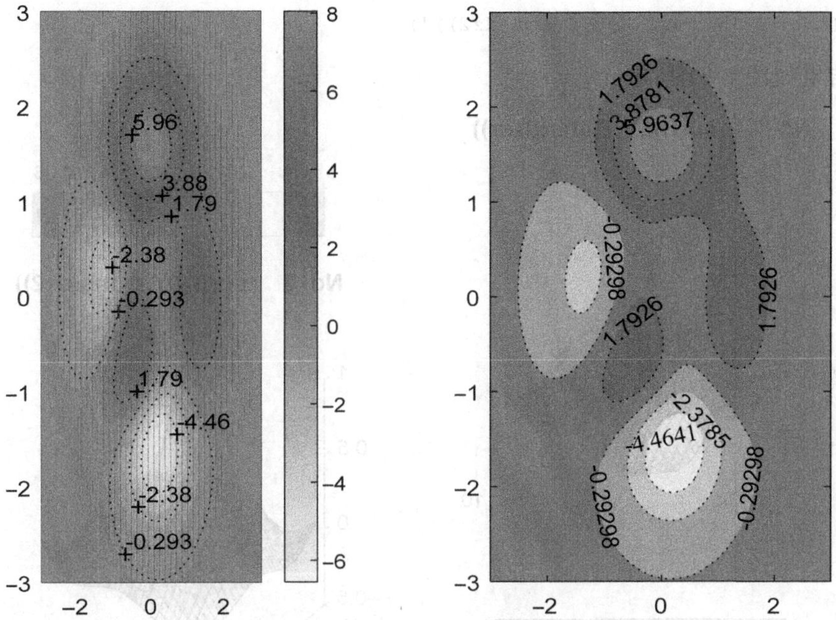

图 3-20 “二维半”指令的演示

3.4.2 四维表现

人对自然界的理解和思维是多维的。人的感官不仅善于接受一维、二维、三维的几何信息，而且对几何物体的运动，对颜色、声音、气味、触感等反应灵敏。从这个意义上讲，MATLAB 色彩控制、动画等指令为四维或更高维表现提供了手段。

1. 准四维表现

【例 3-21】 用颜色表现 $Z=f(x,y)$ 函数的其他特征(如梯度、曲率等)。

```
clf
x=3*pi*(-1:1/15:1);y=x;[X,Y]=meshgrid(x,y);
R=sqrt(X.^2+Y.^2)+eps;Z=sin(R)./R;
[dzdx,dzdy]=gradient(Z);
dzdr=sqrt(dzdx.^2+dzdy.^2);            %<4>
dz2=del2(Z);                           %<5>
subplot(1,2,1),surf(X,Y,Z,abs(dzdr))
shading faceted;
colorbar('SouthOutside')
brighten(0.6);
```

```
colormap hsv
title('No. 1      surf(X,Y,Z,abs(dzdr))')
subplot(1,2,2);surf(X,Y,Z,abs(dz2))
shading faceted
colorbar('NorthOutside')
title('No. 2      surf(X,Y,Z,abs(dz2))')
```

运行结果如图 3-21 所示。

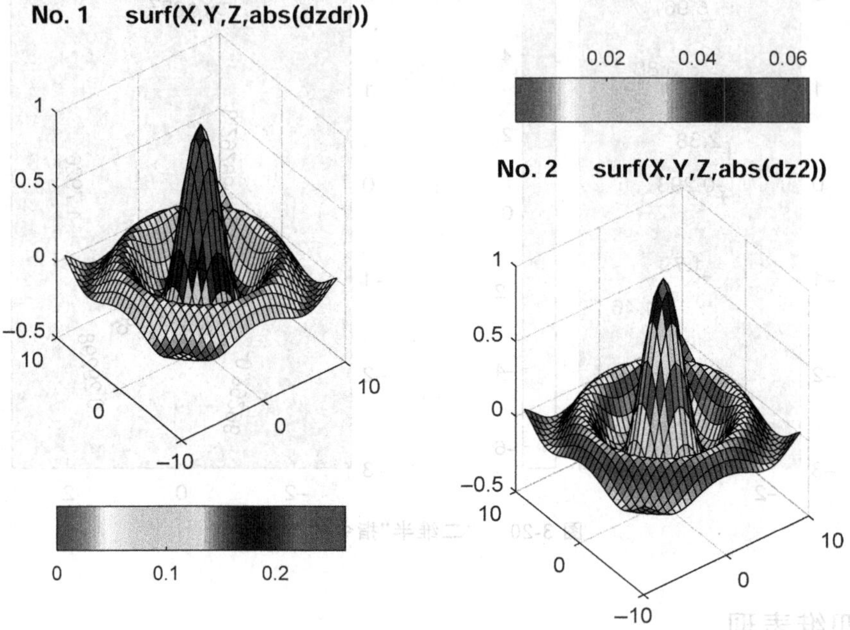

图 3-21 用不同颜色表现函数的径向导数和曲率特征

2. 切片图

(1) [X,Y,Z]=meshgrid(x,y,z)：由采样向量产生三维自变量“格点”数组。

(2) slice(X,Y,Z,V,sx,sy,sz)：三元函数切片图。

【例 3-22】 图形表现 $v=x\mathrm{e}^{-x^2-y^2-z^2}$。

```
clf
[x,y,z]=meshgrid(-2:.2:2,-2:.25:2,-2:.16:2);
v=x.*exp(-x.^2-y.^2-z.^2);
xs=[-0.7,0.7]; ys=0; zs=0;
slice(x,y,z,v,xs,ys,zs)
colorbar
shading interp
colormap hsv
xlabel('x'),ylabel('y'),zlabel('z')
title('The color-to-v(x,y,z) mapping')
```

```
view([-22,39])
alpha(0.3)
```

运行结果如图 3-22 所示。

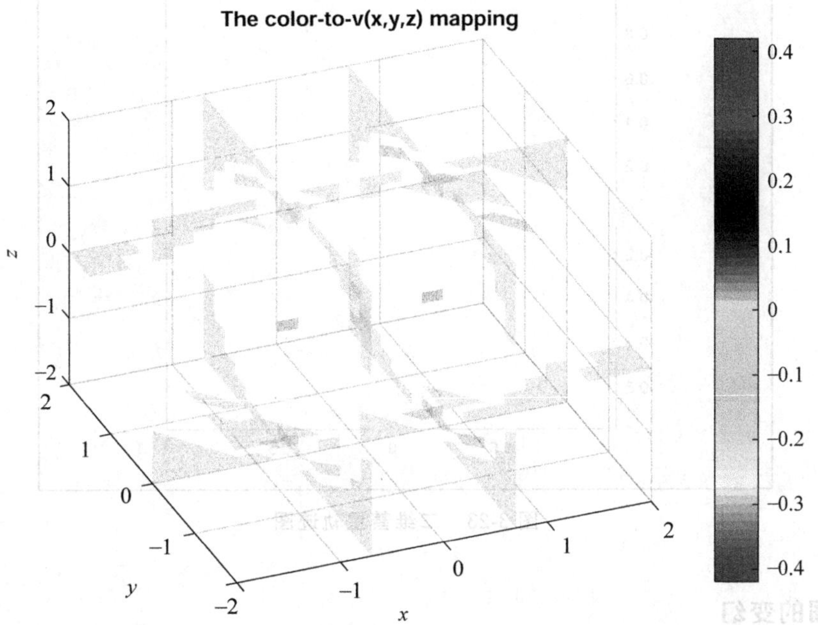

图 3-22　切片图

3.4.3　动态图形

在 MATLAB 的“上层”图形指令中的彗星轨线指令、色图变幻指令、影片动画指令，能很方便地使图形及色彩产生动态变化效果。在 Notebook 和硬复制下，这种动态变化效果无法在书中表现，当读者在 MATLAB 指令窗中运行这些指令后，便可在图形窗中看到相应的动态图形。

1. 彗星状轨迹图

(1) comet(x,y,p)：二维彗星轨线。

(2) comet3(x,y,z,p)：三维彗星轨线。

【例 3-23】 简单二维彗星示例。

```
shg;n=2;t=n*pi*(0:0.000005:1);x=sin(t);y=cos(t);
plot(x,y,'g');axis square
hold on
comet(x,y,0.0001)
hold off
```

运行结果如图 3-23 所示。

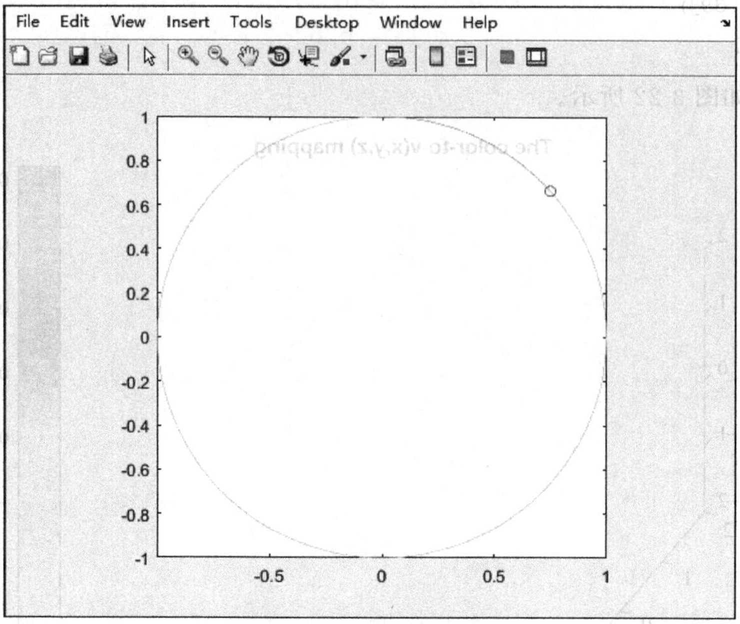

图 3-23　二维彗星轨迹图

2. 色图的变幻

（1）spinmap。

（2）spinmap(t)。

（3）spinmap(inf)。

（4）spinmap(t,inc)。

【例 3-24】　指令 spinmap 的应用。

```
ezsurf('x*y','circ');shading flat;view([-18,28])
C=summer;
CC=[C;flipud( C )];
colormap(CC)
spinmap(30,4)
```

运行结果如图 3-24 所示。

3. 影片动画

（1）M(i)=getframe。

（2）movie(M,k)。

【例 3-25】　三维图形的影片动画。

```
clf;shg,x=3*pi*(-1:0.05:1);y=x;[X,Y]=meshgrid(x,y);
R=sqrt(X.^2+Y.^2)+eps;Z=sin(R)./R;
h=surf(X,Y,Z);colormap(jet);axis off
n=12;mmm=moviein(n);
```

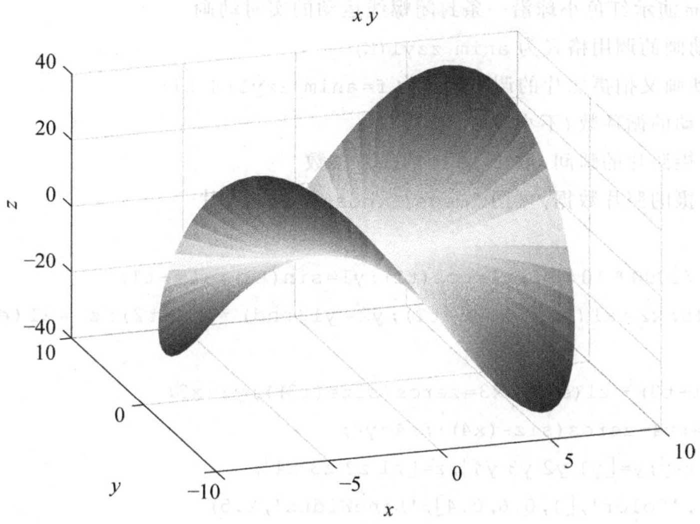

图 3-24 用于色图变幻演示的图形

```
for i=1:n
    rotate(h,[0 0 1],25);
    mmm(:,i)=getframe;
end
movie(mmm,5,10)
```

运行结果如图 3-25 所示。

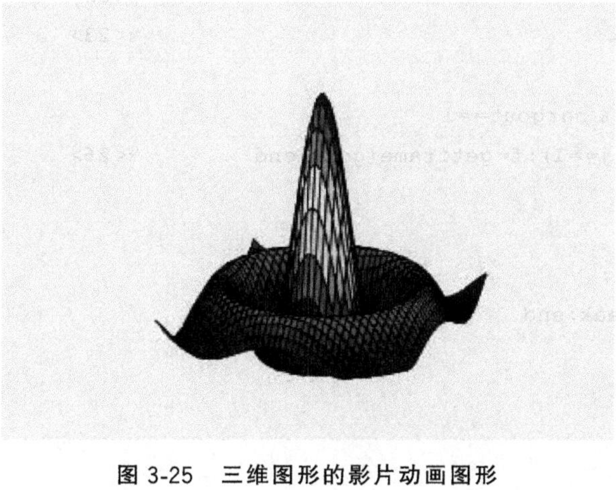

图 3-25 三维图形的影片动画图形

4. 实时动画

【例 3-26】 制作红色小球沿一条带封闭路径的下旋螺线运动的实时动画。

步骤 1：

```
anim_zzy1.m
function f=anim_zzy1(K,ki)
```

```
%anim_zzy1.m 演示红色小球沿一条封闭螺线运动的实时动画
%仅演示实时动画的调用格式为 anim_zzy1(K)
%既演示实时动画又拍摄照片的调用格式为 f=anim_zzy1(K,ki)
%K    红球运动的循环数(不小于 1)
%ki   指定拍摄照片的瞬间,取 1~1034 的任意整数
%f    存储拍摄的照片数据,可用 image(f.cdata)观察照片
%
t1=(0:1000)/1000*10*pi;x1=cos(t1);y1=sin(t1);z1=-t1;
t2=(0:10)/10;x2=x1(end)*(1-t2);y2=y1(end)*(1-t2);z2=z1(end)*ones(size
(x2));
t3=t2;z3=(1-t3)*z1(end);x3=zeros(size(z3));y3=x3;
t4=t2;x4=t4;y4=zeros(size(x4));z4=y4;
x=[x1 x2 x3 x4];y=[y1 y2 y3 y4];z=[z1 z2 z3 z4];
plot3(x,y,z,'Color',[1,0.6,0.4],'LineWidth',2.5)
axis off
%
h=line('xdata',x(1),'ydata',y(1),'zdata',z(1),'Color',[1 0 0],'Marker', '.',
'MarkerSize',40,'EraseMode','xor');>
%
n=length(x);i=2;j=1;
while 1
  set(h,'xdata',x(i),'ydata',y(i),'zdata',z(i));
  drawnow;                                          %<22>
  pause(0.0005)                                     %<23>
  i=i+1;
  if nargin==2 & nargout==1
     if(i==ki&j==1);f=getframe(gcf);end             %<26>
  end
  if i>n
     i=1;j=j+1;
     if j>K;break;end
  end
end
```

步骤 2：

```
f=anim_zzy1(2,450);
```

步骤 3：

```
image(f.cdata),axis off
```

运行结果如图 3-26 所示。

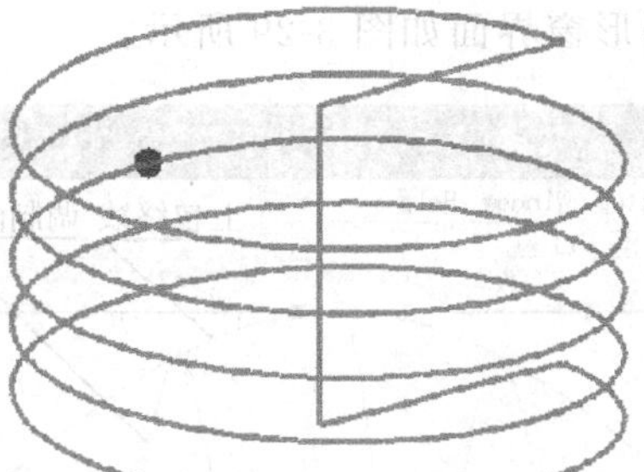

图 3-26　红球沿下旋螺线运动的瞬间照片

3.5 图形窗功能简介

图形窗工具条专用按键如图 3-27 所示。

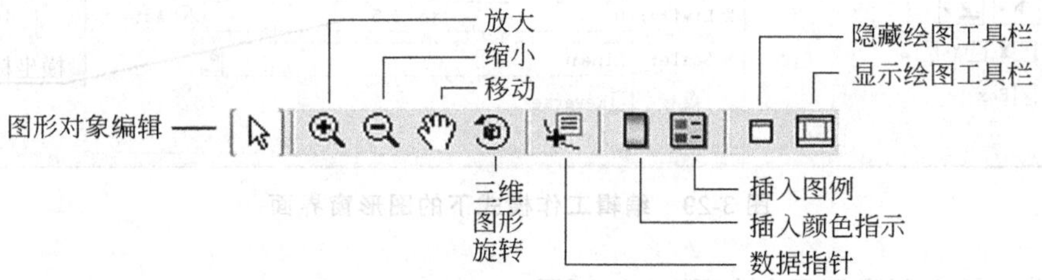

图 3-27　图形窗工具条专用按键

【例 3-27】 利用图形窗的编辑功能，绘制图 3-28 所示的连续调制波形 $y=\sin(t)\sin(9t)$ 及其包络线。

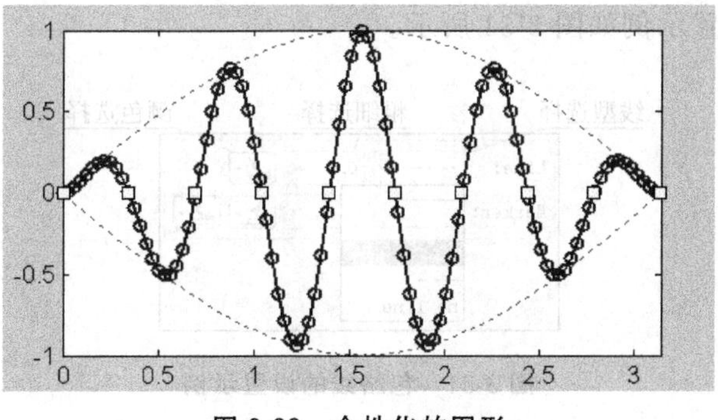

图 3-28　个性化的图形

(1) 程序代码如下。

```
t=(0:pi/100:pi)';
y1=sin(t)*[1,-1];
y2=sin(t).*sin(9*t);
t3=pi*(0:9)/9;
y3=zeros(size(t3));
plot(t,y1,t,y2,t3,y3)
```

（2）编辑工作模式下的图形窗界面如图 3-29 所示。

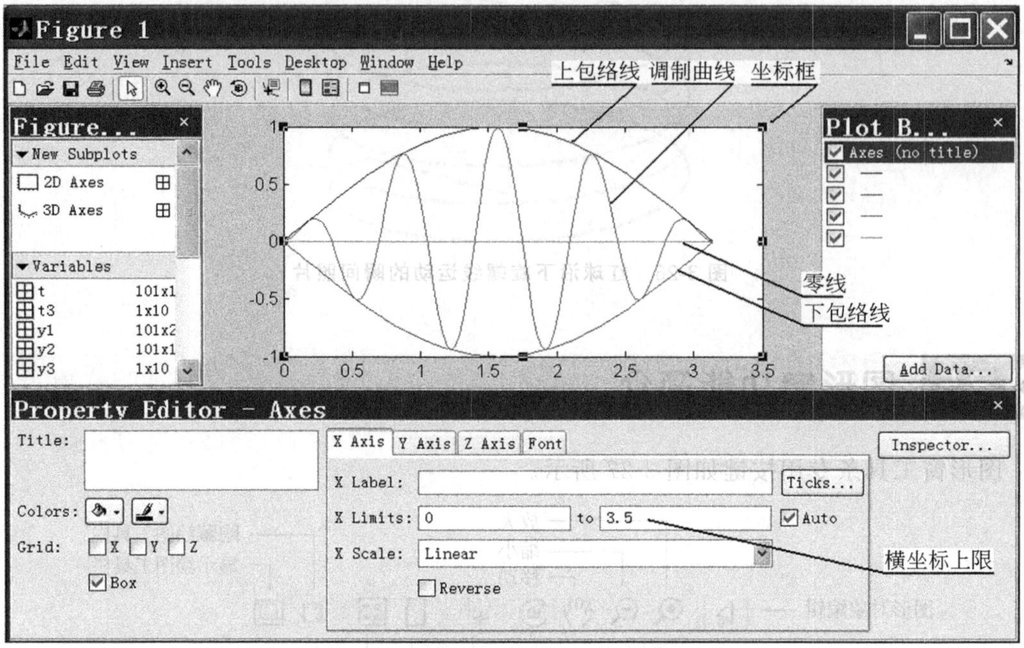

图 3-29　编辑工作模式下的图形窗界面

（3）横坐标上限设置示例如图 3-30 所示。

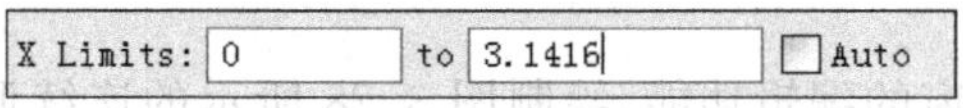

图 3-30　横坐标上限设置示例

（4）包络线的设置示例如图 3-31 所示。

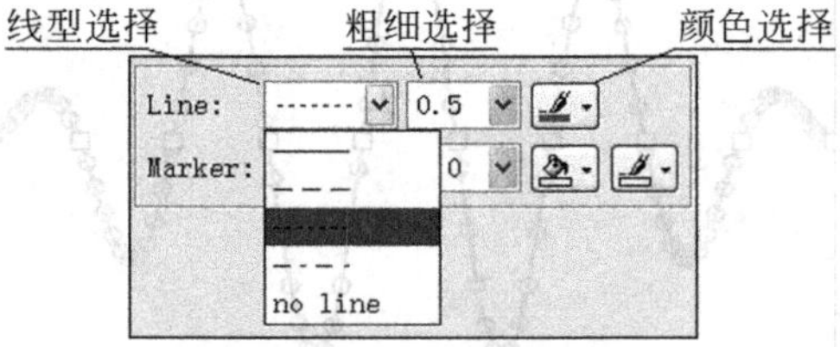

图 3-31　包络线的设置示例

（5）调制曲线的设置示例如图 3-32 和图 3-33 所示。

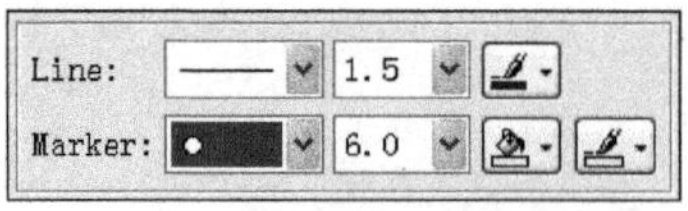

图 3-32　调制曲线的设置示例 1

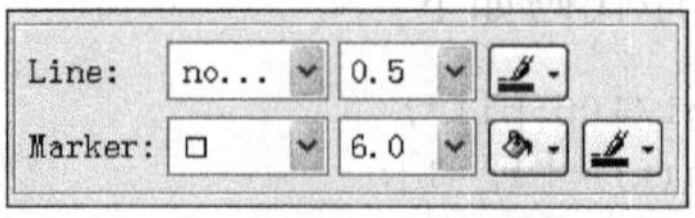

图 3-33　调制曲线的设置示例 2

习　题

3-1　已知椭圆的长、短轴 $a=4, b=2$，用“小红点线”画椭圆 $\begin{cases} x=a\cos t \\ y=b\sin t \end{cases}$，参见图 3-34。

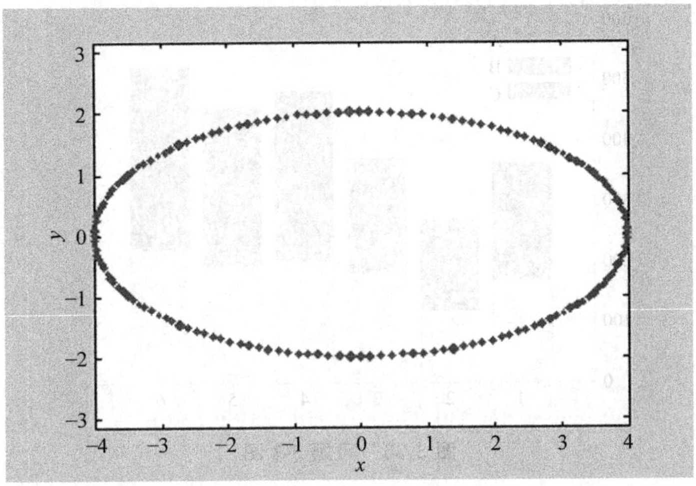

图 3-34　习题 3-1 图

3-2　根据表达式 $\rho=1-\cos\theta$ 绘制图 3-35 所示的心脏线。（提示：采用极坐标绘线指令 polar）

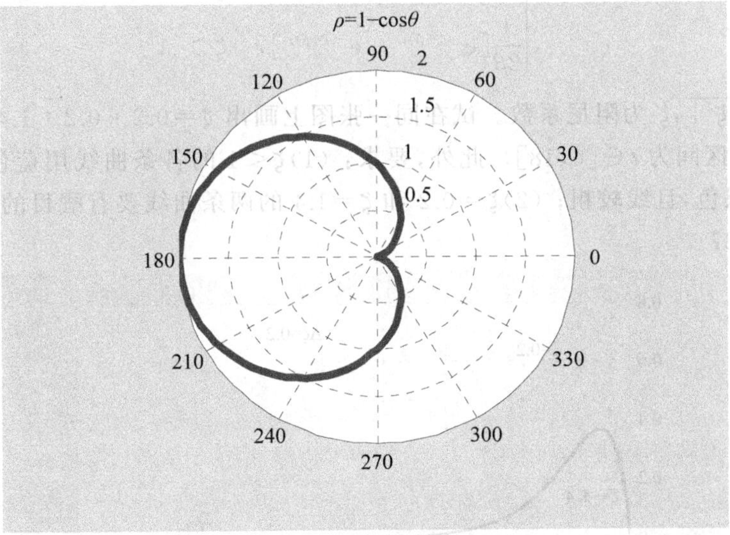

图 3-35　习题 3-2 图

3-3　A、B、C 这 3 个城市上半年每个月的国民生产总值见表 3-6。试画出如图 3-36 所示的三城市上半年每月生产总值的累计直方图。（提示：使用指令 bar）

表 3-6　各城市生产总值数据　　单位：亿元

城市	1 月	2 月	3 月	4 月	5 月	6 月
A	170	120	180	200	190	220
B	120	100	110	180	170	180
C	70	50	80	100	95	120

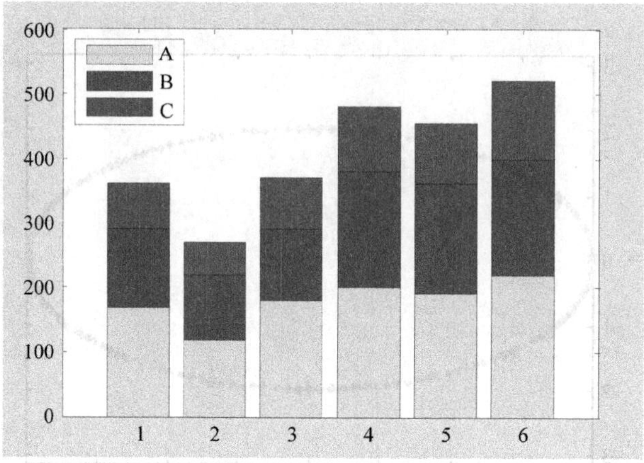

图 3-36　习题 3-3 图

3-4　二阶线性系统的归一化(即令 $\omega_n=1$)冲激响应可表示为

$$y(t)=\begin{cases}\dfrac{1}{\beta}\mathrm{e}^{-\zeta t}\sin(\beta t), & 0\leqslant\zeta<1\\ t\mathrm{e}^{-t}, & \zeta=1\\ \dfrac{1}{2\beta}[\mathrm{e}^{-(\zeta-\beta)t}-\mathrm{e}^{-(\zeta+\beta)t}], & \zeta>1\end{cases}$$

其中 $\beta=\sqrt{|1-\zeta^2|}$,ζ 为阻尼系数。试在同一张图上画出 $\zeta=0.2:0.2:1.4$ 不同取值时的各条曲线,时间区间为 $t\in[0,18]$。此外,要求:(1)$\zeta<1$ 的各条曲线用蓝色,$\zeta>1$ 的用红色,$\zeta=1$ 的用黑色,且线较粗;(2)$\zeta=0.2$ 和 $\zeta=1.4$ 的两条曲线要有醒目的阻尼系数标志,图形参见图 3-37。

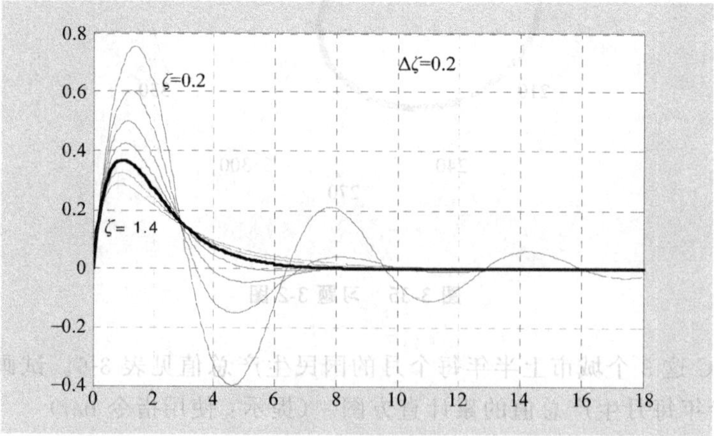

图 3-37　习题 3-4 图

3-5 用绿实线绘制 $x=\sin(t)$，$y=\cos(t)$，$z=t$ 的三维曲线，曲线如图3-38所示。（提示：使用plot3指令）

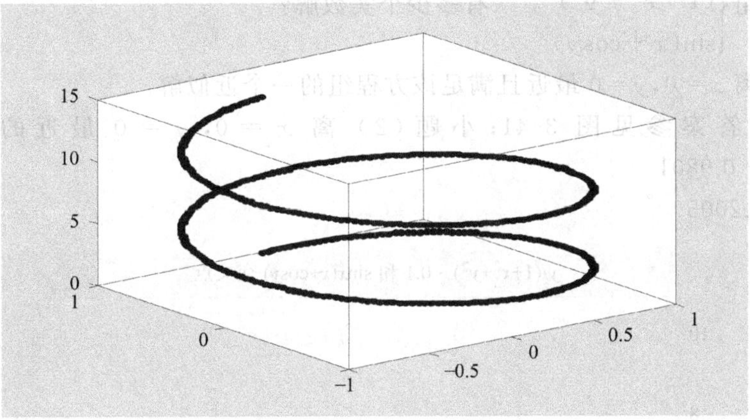

图3-38 习题3-5图

3-6 在区域 $x,y\in[-3,3]$，绘制 $z=4xe^{-x^2-y^2}$ 的如图3-39所示的三维（透视）网格曲面。（不得使用ezmesh）

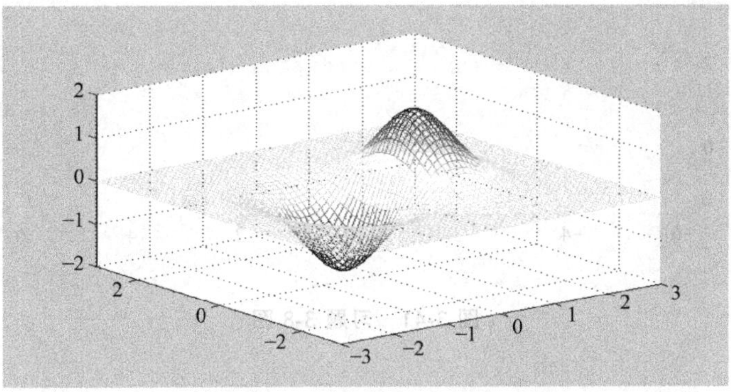

图3-39 习题3-6图

3-7 在 $x,y\in[-4\pi,4\pi]$ 区间里，根据表达式 $z=\dfrac{\sin(x+y)}{x+y}$，绘制图3-40所示的曲面。

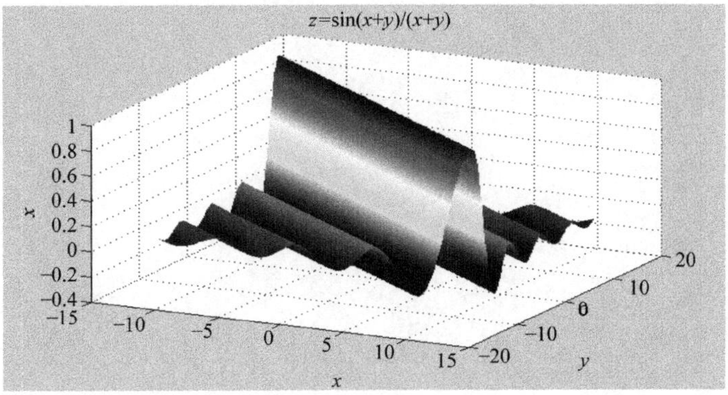

图3-40 习题3-7图

3-8 试用图解法回答：

(1) 方程组 $\begin{cases} \dfrac{y}{(1+x^2+y^2)}=0.1 \\ \sin(x+\cos y) \end{cases}$ 有多少个实数解？

(2) 求出离 $x=0, y=0$ 最近且满足该方程组的一个近似解。

小题（1）答案参见图 3-41；小题（2）离 $x=0$，$y=0$ 最近的一个近似解为 $\begin{cases} x(0,0)=-0.9801 \\ y(0,0)=0.2005 \end{cases}$。

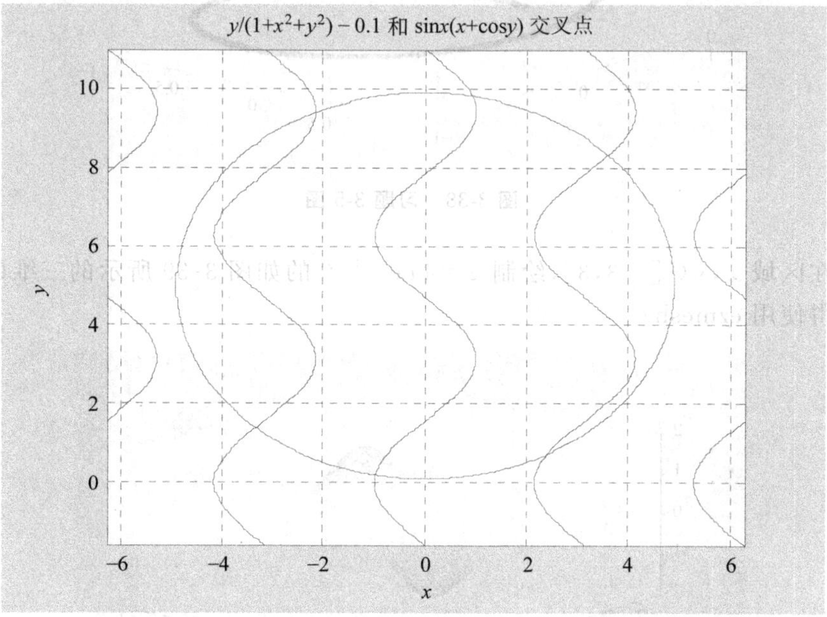

图 3-41 习题 3-8 图

第 4 章 Simulink 应用基础

Simulink 是 MATLAB 最重要的组件之一，它为用户提供一个动态系统建模、仿真和综合分析的集成环境。在这一环境中，用户无须书写大量的程序，而只需通过简单、直观的鼠标操作，选取适当的库模块，就可构造出复杂的仿真模型。Simulink 的主要优点如下。

(1) 适应面广。可构造的系统包括线性、非线性系统；离散、连续及混合系统；单任务、多任务离散事件系统。

(2) 结构和流程清晰。它外表以方块图形式呈现，采用分层结构。既适于自上而下的设计流程，又适于自下而上逆程设计。

(3) 仿真更为精细。它提供的许多模块更接近实际，为用户摆脱理想化假设的无奈开辟了途径。

(4) 模型内码更容易向 DPS、FPGA 等硬件移植。

(5) Simulink 和 MATLAB 是高度集成在一起的，因此，它们之间可以进行灵活的交互操作。在 MATLAB 2016 以后的版本中，由于有许多可供直接使用的工具箱和模块，因此它在航天、通信、控制、信号处理、电力系统等诸多领域都有广泛的用途。

4.1 安装 Simulink 软件包

Simulink 是 MATLAB 的一个工具箱软件包，在 MATLAB 的典型安装类型中是默认安装 Simulink 软件包的。而在 MATLAB 的自定义安装类型中，Simulink 软件包是否安装要看在安装 MATLAB 过程中是否勾选了 Simulink 复选框，如图 4-1 所示。

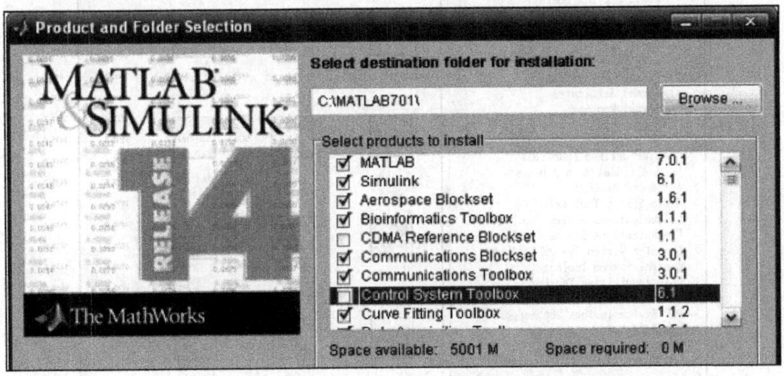

图 4-1 MATLAB 安装窗口

4.2 Simulink 的启动

Simulink 是在启动 MATLAB 的基础上运行的,在启动 MATLAB 后打开 Simulink 界面的方式有以下两种。

(1) 快捷启动方式。在 MATLAB 工具栏上单击 Simulink 按钮,其按钮图标为 。

(2) 命令启动方式。在 MATLAB 命令窗口中直接输入 simulink 命令,Simulink 启动页面如图 4-2 所示。

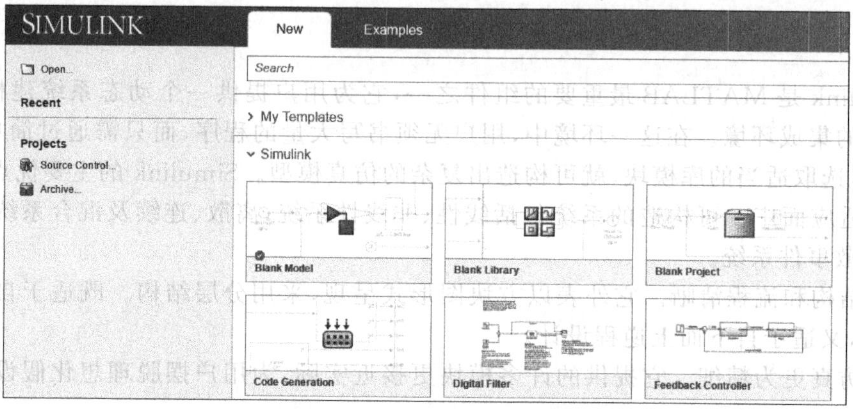

图 4-2　Simulink 启动页面

打开 Simulink 后,选择 Blank Model,新建 Simulink 模型,在 View 菜单下选择 Simulink Library Browser 命令或直接在工具栏单击 图标,或在命令提示符下,输入 slLibraryBrowser。LibraryBrowser 随即打开,并显示系统中的 Simulink 模块库的树状图。当单击树状图中的库时,右侧窗格将显示库的内容,如图 4-3 所示。

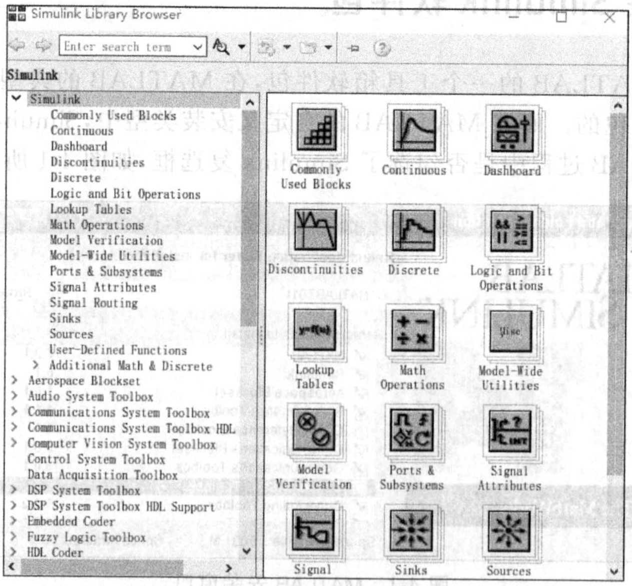

图 4-3　Simulink 库浏览器窗口

4.3 Simulink 的工作环境

在 Simulink 中启动了两个基本的窗口，即库浏览器窗口和模型窗口，下面将对这两个窗口的主界面进行重点介绍，以便读者在实际操作中熟练使用。

4.3.1 Simulink 库浏览器窗口

Simulink 库浏览器窗口如图 4-3 所示。

（1）工具栏：

（2）关键词栏：如

，在栏中输入待查关键词，可查找与 Product 相关模块。在写入要查相关词后，可按回车键进行查找，如图 4-4 所示。

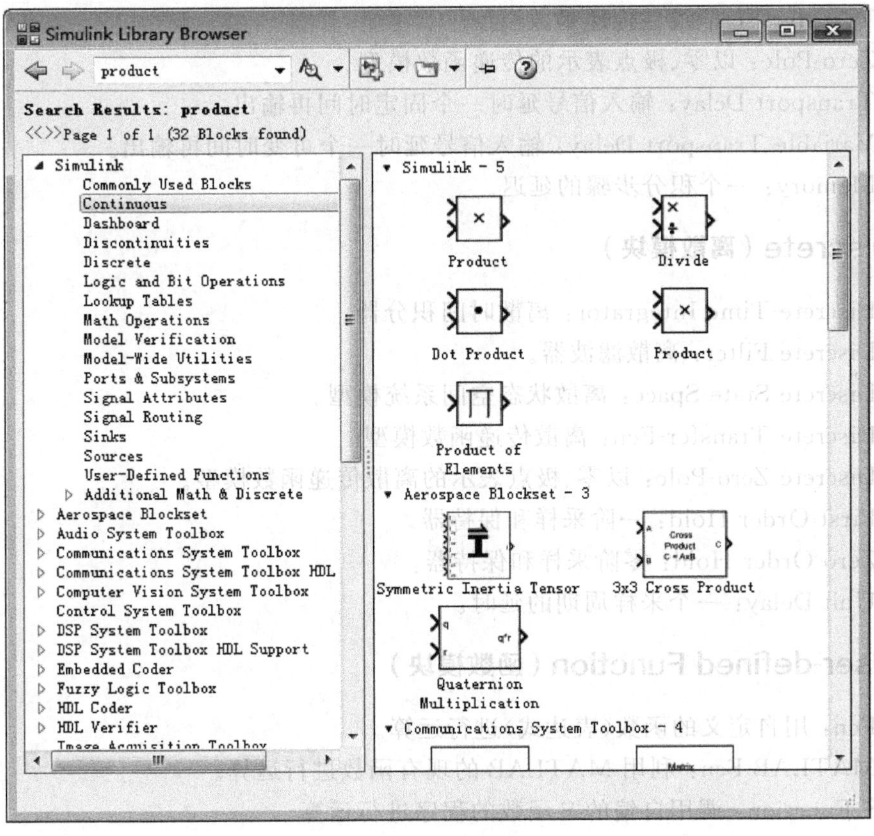

图 4-4　库元件查找结果

4.3.2 Simulink 中模块简介

模块库是 Simulink 的一个重要概念。在 Simulink 的模块库中，每个模块中又包含众多下一级子模块，由这些模块相互连接就可以按需要搭建起复杂的系统模型。这里将对常用的模块进行简单介绍。

4.3.3 公共模型库

常用的Simulink模块库按功能可分为：Continuous(连续模块)、Discrete(离散模块)、User-defined Function(函数模块)、Lookup Tables(查表模块)、Discontinuities(非线性模块)、Signal Routing(信号路由模块)、Math(数学模块)、Sinks(接收器模块)、Sources(输入源模块)、Ports & Subsystem(端口 & 子系统模块)及Logic and Bit Operations(逻辑 & 位操作)。

1. Continuous(连续模块)

(1) Integrator：输入信号积分。
(2) Derivative：输入信号微分。
(3) State-Space：线性状态空间系统模型。
(4) Transfer-Fcn：线性传递函数模型。
(5) Zero-Pole：以零、极点表示的传递函数模型。
(6) Transport Delay：输入信号延时一个固定时间再输出。
(7) Variable Transport Delay：输入信号延时一个可变时间再输出。
(8) Memory：一个积分步骤的延迟。

2. Discrete(离散模块)

(1) Discrete-Time Integrator：离散时间积分器。
(2) Discrete Filter：离散滤波器。
(3) Discrete State-Space：离散状态空间系统模型。
(4) Discrete Transfer-Fcn：离散传递函数模型。
(5) Discrete Zero-Pole：以零、极点表示的离散传递函数模型。
(6) First-Order Hold：一阶采样和保持器。
(7) Zero-Order Hold：零阶采样和保持器。
(8) Unit Delay：一个采样周期的延时。

3. User-defined Function(函数模块)

(1) Fcn：用自定义的函数(表达式)进行运算。
(2) MATLAB Fcn：利用MATLAB的现有函数进行运算。
(3) S-Function：调用自编的S函数的程序进行运算。

4. Lookup Tables(查表模块)

(1) Look-Up Table：建立输入信号的查询表。
(2) Look-Up Table(2-D)：建立两个输入信号的查询表。

5. Discontinuities (非线性模块)

(1) Saturation：饱和输出，让输出超过某一值时能够饱和。

(2) Relay：滞环比较器，限制输出值在某一范围内变化。

(3) Dead Zone：死区，在某一范围内的输入，其输出值为0。

(4) Backlash：磁滞回环模块。

(5) Rate Limiter：变化率限幅模块。

6. Signal routing（信号路由模块）

(1) Mux：将多个单一输入转化为一个复合输出。

(2) Demux：将一个复合输入转化为多个单一输出。

(3) Switch：开关选择，当第二个输入端大于临界值时，输出由第一个输入端而来；否则输出由第三个输入端而来。

(4) Manual Switch：手动选择开关。

7. Math（数学模块）

(1) Sum：加减运算。

(2) Gain：比例运算。

(3) Dot Product：点乘运算。

(4) MinMax：最值运算。

(5) Abs：取绝对值。

(6) Sign：符号函数。

(7) Product：乘运算。

(8) Math Function：包括指数、对数、求平方、开根号等常用数学函数。

(9) Rigonometric Function：三角函数，包括正弦、余弦、正切等。

(10) Complex to Magnitude-Angle：由复数输入转为幅值和相角输出。

(11) Magnitude-Angle to Complex：由幅值和相角输入合成复数输出。

(12) Complex to Real-Imag：由复数输入转为实部和虚部输出。

(13) Real-Imag to Complex：由实部和虚部输入合成复数输出。

8. Sinks（接收器模块）

(1) Scope：示波器。

(2) XY Graph：显示二维图形。

(3) To Workspace：将输出写入MATLAB的工作空间。

(4) To File(.mat)：将输出写入数据文件。

(5) Terminator：连接到没有连接的输出端。

9. Sources（输入源模块）

(1) Constant：常数信号。

(2) Clock：时钟信号。

(3) Sine Wave：正弦波信号。

(4) From Workspace：来自MATLAB的工作空间。

(5) Step：阶跃信号。

(6) From File(.mat)：来自数据文件。

(7) Pulse Generator：脉冲发生器。

(8) Repeating Sequence：重复信号。

(9) Signal Generator：信号发生器，可以产生正弦波、方波、锯齿波及随意波。

10. Ports & Subsystem（端口 & 子系统模块）

(1) In1：输入端。

(2) Out1：输出端。

(3) SubSystem：建立新的封装(Mask)功能模块。

11. Logic and Bit Operations（逻辑 & 位操作）

(1) Compare to Constant：与常数比较。

(2) Compare to Zero：与零比较。

(3) Logical Operator：逻辑操作算子。

(4) Detect Change：监测变化。

(5) Detect Decrease：监测减少。

4.3.4 专业模型库

除了前面介绍的Simulink公共模块库外，Simulink还包含许多面向不同专业的模块集，方便从事其他领域的设计人员快速建模。对于这些模块集，本书就不再一一介绍其功能了，读者如果想进一步了解相关内容，可参考Simulink的Help文件。具体操作如下：先打开Simulink库浏览器窗口，在菜单栏中选择Help→Simulink Help命令，就会弹出Help帮助界面，如图4-5所示。

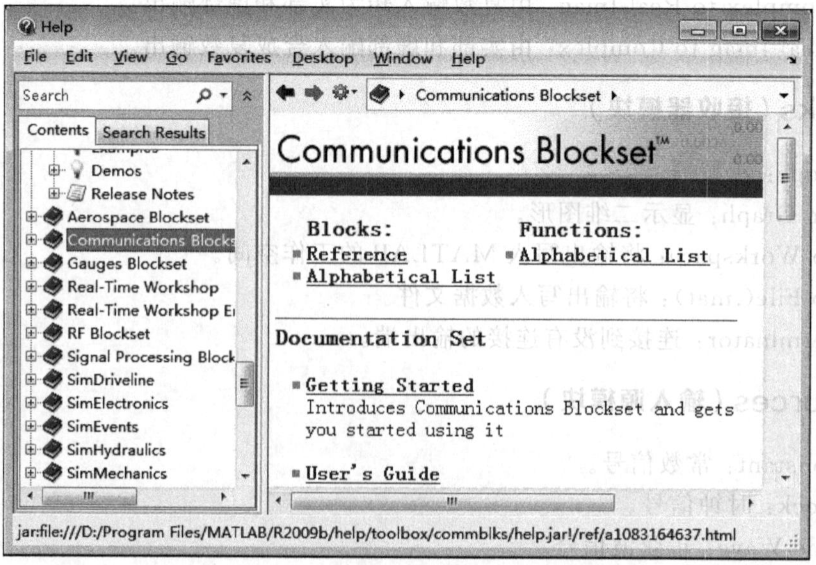

图4-5 Simulink专业模块库的帮助文件界面

4.4 Simulink 建模与仿真

4.4.1 向模型中添加模块

一个模型至少要接收一个输入信号，对该信号进行处理，然后输出结果。在 Simulink Library Browser 中，Sources 库包含代表输入信号的模块。Sinks 库包含用于捕获和显示输出的模块。其他库包含可用于各种用途（如数学运算）的模块。

在此基本模型中，输入信号为正弦波，执行的操作为增益运算（通过乘法增加信号值），结果输出到 Scope 窗口。尝试使用不同的方法来浏览库，并向模型中添加模块。

（1）打开 Sources 库。在 Simulink Library Browser 的树状图中单击 Sources 库。

（2）在右侧窗格中将光标悬停在 Sine Wave 模块上，可以查看描述其用途的工具提示。

（3）使用右键菜单在模型中添加一个模块。右击该模块并选择 Add block to model untitled 命令（要了解该模块的详细信息，请从右键菜单中选择 Help）。

（4）通过拖放操作在模型中添加一个模块。在库的树状图中单击 Math Operations 项。在 Math Operations 库中找到 Gain 模块，然后将其拖到 Sine Wave 模块的右侧。

（5）在 Sinks 库中，找到 Scope 模块，使用上下文菜单或通过拖放操作将其添加到模型中，如图 4-6 所示。

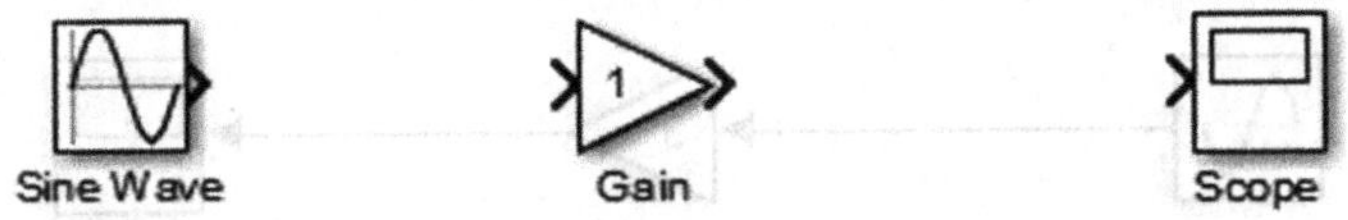

图 4-6 在模型窗口中添加模块

4.4.2 对齐和连接模块

可将模块连接起来，在模型元素之间建立能够使模型正常工作所需要的关系。当根据模块之间的交互方式对齐模块后，模型会更加一目了然。快捷方式有助于对齐和连接模块。

（1）拖动 Gain 模块，使其与 Sine Wave 模块对齐。当两个模块水平对齐时，将出现一条对齐参考线。释放该模块，将出现一个蓝色箭头，图 4-7所示建议连接线的预览。

（2）要接受该连接线，可单击箭头的末端。此时参考线将变成一条实线。

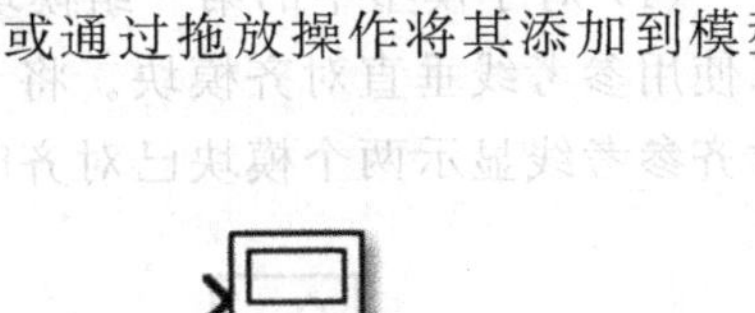

图 4-7 对齐连线图

（3）采用同样的方法，将 Scope 模块与 Gain 模块对齐并连接起来。

提示：可以使用 Diagram→Arrange 菜单命令查看其他对齐方式。

4.4.3 设置模块参数

设置大多数模块上的参数。参数可以帮助用户指定模块如何在模型中工作。可以使用默认值，也可以根据需要进行设置。可以使用 Block Parameters 设置参数，也可以双击大多数模块，使用模块对话框来设置参数。要了解每种方式的使用场合，可参阅“设置属性和参数”。

在模型窗口中，可以在 Sine Wave 模块中设置幅值，在 Gain 模块中设置增益值。

(1) 选择 Diagram→Block Parameters 菜单命令，或双击该模块都会出现模块参数窗口。

(2) 选择 Sine Wave 模块。

(3) 将 Amplitude 参数设置为 2。

(4) 选择 Gain 模块并将 Gain 参数设置为 3。该值将显示在模块上。

4.4.4 建立分支连接

第二个增益运算的输入是正弦波的绝对值。要使用一个 Sine Wave 模块作为两个增益运算的输入，需要从 Sine Wave 模块输出信号上创建一条分支。

(1) 对于模型中的第一组模块，可以使用水平对齐参考线帮助对齐和连接模块。还可以使用参考线垂直对齐模块。将 Scope1 模块拖动到 Scope 模块下面并与之对齐。当垂直对齐参考线显示两个模块已对齐时，释放模块，如图 4-8 所示。

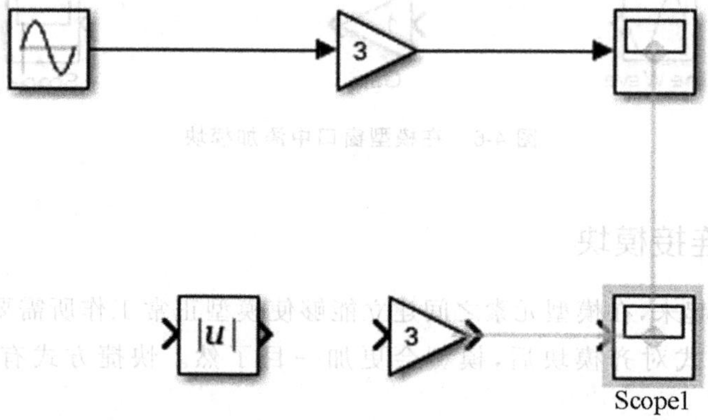

图 4-8 垂直对齐模块

(2) 从 Sine Wave 模块的输出端口创建一条连接到 Abs 模块的分支线。当光标悬停在 Sine Wave 模块的输出信号线上时，按住 Ctrl 键并向下拖动。拖动分支线，直到末端靠近 Abs 模块为止，如图 4-9 所示。

还可以使用其他方法来连接模块。

① 拖动鼠标，从一个模块的输出向另一个模块的输入绘制一条连接。当模块已对齐(即不显示参考线)时，可以使用此方法。

② 选择第一个模块，然后按住 Ctrl 键并单击要连接的模块。当不希望模块对齐时，可以使用此方法。连接线根据需要拐弯以建立连接，如图 4-10 所示。

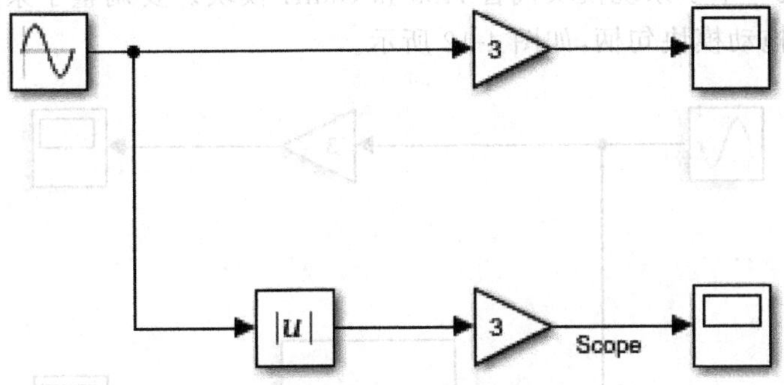

图 4-9 建立分支连接

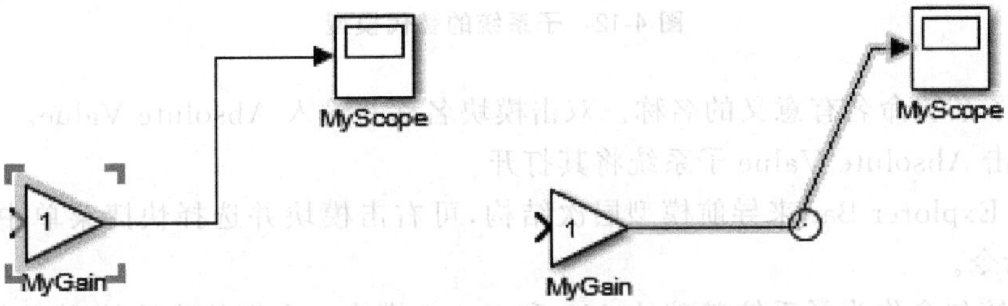

图 4-10 模块间任意连接

注意：可以选择多个模块，将它们连接到一个具有多个输入端口的模块(如总线)。

要从线段逼近对角线，可按住 Shift 键并拖动顶点。

提示：要改善信号线的形状，首先选择信号线，然后从省略号下拉菜单中选择 Autoroute Line 命令。如果模型元素之间存在更好的路线，则会重新绘制信号线。

4.4.5 组织模型

可以将模块组合成子系统，并为模块、子系统和信号添加标签。有关子系统的详细信息可参阅“创建子系统”。

(1) 拖动鼠标，在 Abs 和 Gain1 模块周围绘制一个选择框。

(2) 将光标移动到选择框右下角出现的省略号上。从工具栏中选择“创建子系统”，如图 4-11 所示。

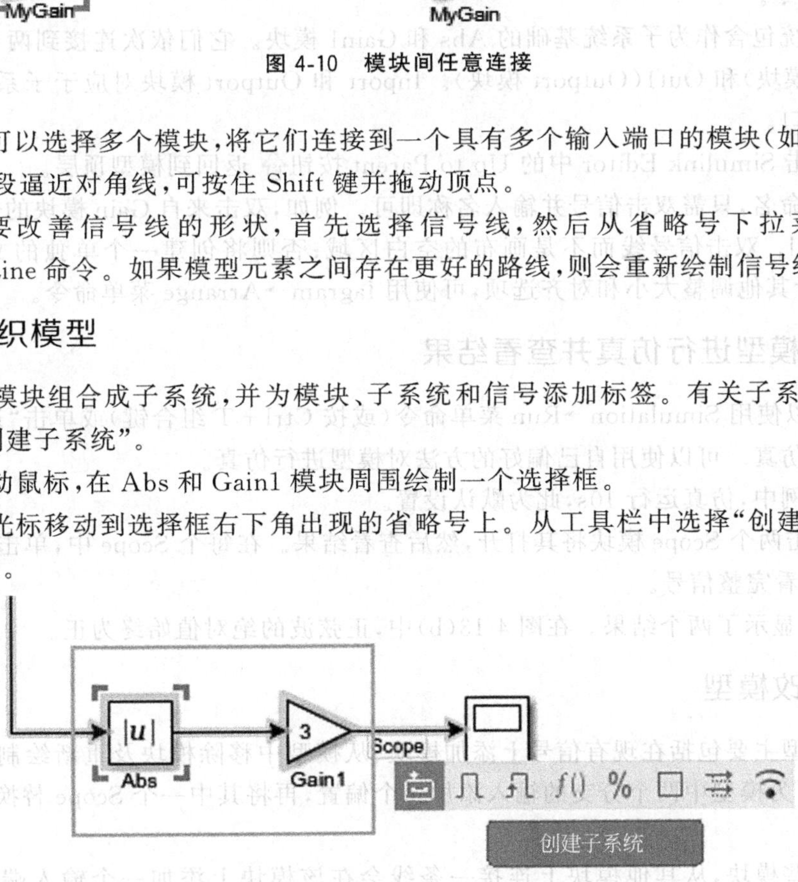

图 4-11 单击“创建子系统”图标

模型中将出现一个子系统模块代替 Abs 和 Gain1 模块。要调整子系统模块的大小，使其最适合模型，可拖动模块句柄，如图 4-12 所示。

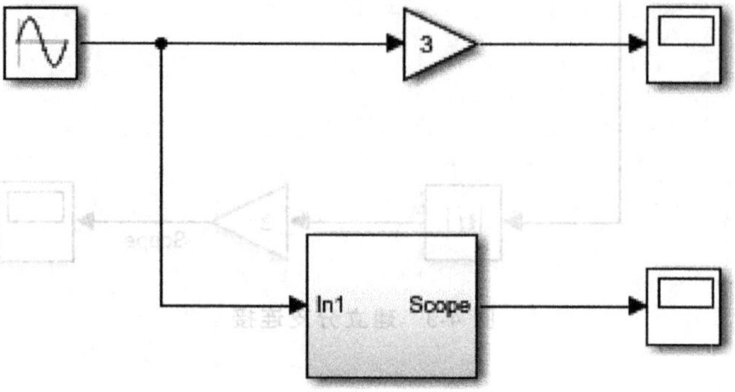

图 4-12　子系统的替代模型

(3) 为子系统命名有意义的名称。双击模块名称并输入 Absolute Value。

(4) 双击 Absolute Value 子系统将其打开。

要使用 Explorer Bar 来导航模型层次结构，可右击模块并选择快捷菜单中的 Open in New Tab 命令。

该子系统包含作为子系统基础的 Abs 和 Gain1 模块。它们依次连接到两个新模块，即 In1(Inport 模块)和 Out1(Outport 模块)。Inport 和 Outport 模块对应于子系统的输入端口和输出端口。

(5) 单击 Simulink Editor 中的 Up to Parent 按钮 返回到模型顶层。

为信号命名，只需双击信号并输入名称即可。例如，双击来自 Gain 模块的信号，然后输入 My Signal。双击信号线而不是画布的空白区域；否则将创建一个单独的文本元素(注释)。要查看其他调整大小和对齐选项，可使用 Iagram→Arrange 菜单命令。

4.4.6　对模型进行仿真并查看结果

(1) 可以使用 Simulation→Run 菜单命令(或按 Ctrl+T 组合键)或单击"运行"按钮 对模型进行仿真。可以使用自己偏好的方法对模型进行仿真。

在本示例中，仿真运行 10s，此为默认设置。

(2) 双击两个 Scope 模块将其打开，然后查看结果。在每个 Scope 中，单击"自动缩放"按钮 以查看完整信号。

图 4-13 显示了两个结果。在图 4-13(b)中，正弦波的绝对值始终为正。

4.4.7　修改模型

修改模型主要包括在现有信号上添加模块、从模型中移除模块及重新绘制连接线。要修改模型，可为模型中两个分支的输入添加一个偏置，再将其中一个 Scope 替换为另外一种输出。

对于某些模块，从其他模块上连接一条线会在该模块上添加一个输入端口或输出端口。例如，当为子系统添加连接线时，子系统上会出现一个端口。产生端口的其他模块包

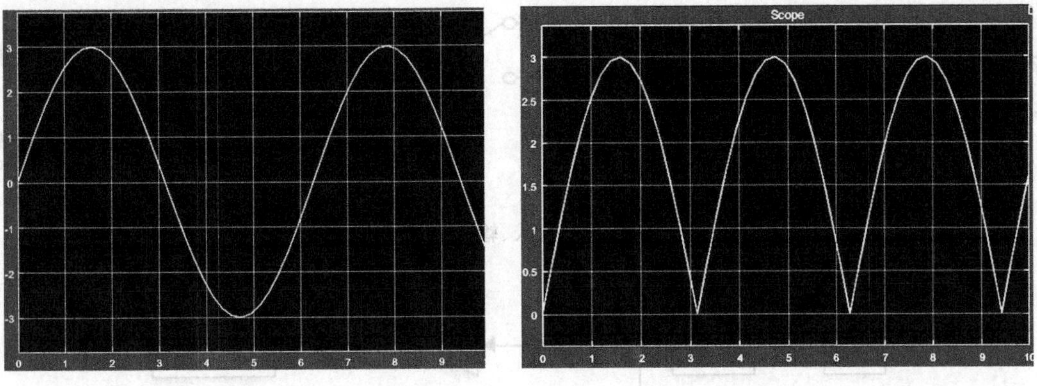

(a) (b)

图 4-13 运行结果

括 Bus Creator、Scope 以及 Add、Sum 和 Product 模块。

(1) 在模型中添加一个 Bias 模块，并将 Bias 参数设置为 2。

(2) 将该模块拖动到 Sine Wave 模块后面、分支线前面的信号线上。如果需要为该模块腾出空间，可将 Sine Wave 模块向左拖动，或者拖动分支线的末端，将分支线向右移动。

当将模块拖动到信号线上时，模块的两侧便与信号线连接起来。当对位置感到满意时，即可释放模块，如图 4-14(a)所示。

(3) 移除 Scope 模块。如果要断开 Scope 模块与模型的连接，但又不想将其删除，可按住 Shift 键并拖动该模块。使用 Edit 菜单命令或键盘剪切或删除此模块。断开的连接线显示为红色点线。

(4) 当删除具有一个输入端口和一个输出端口的模块时，断开的连接线之间会出现提示。单击该提示可将信号线连接起来。

(5) 向模型中添加 To Workspace 模块，并将其放在断开的连接线的末端。To Workspace 模块将结果输出给 MATLAB 工作区中的一个变量。

(6) 再向子系统中添加一个输入。向模型中添加一个 Sine Wave 模块，并将幅值设置为 5，将其放在子系统模块的左侧。

(7) 拖动鼠标从新的 Sine Wave 模块向子系统的左侧绘制一条线。模块上将出现一个新端口 In2。

(8) 再向子系统中添加一个输出。向模型中添加一个 To Workspace 模块，并将其放在子系统的右侧。拖动鼠标从输入端口向子系统的右侧绘制一条线。模块上将出现一个新端口 Out2。

(9) 打开子系统并将 Out1 模块重命名为 Scope，将 Out2 模块重命名为 Workspace。向模型添加一个 Manual Switch 模块，调整大小并按图 4-14 所示进行连接。在 Gain 模块后绘制分支信号，以将输出指向 To Workspace 模块。

然后，返回到模型的顶层。图 4-15 显示了当前模型。

(10) 对模型进行仿真。

① simout 和 simout1 变量出现在 MATLAB 工作区中。可以双击各个变量以查看结果。

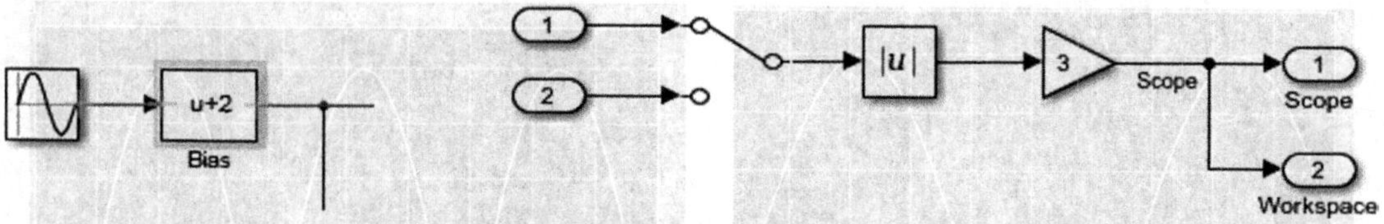

(a) (b)

图 4-14 添加输入、输出后的子系统

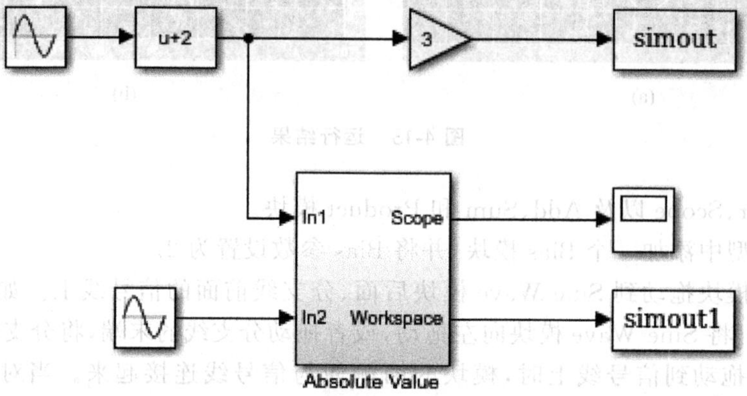

图 4-15 多个输入、输出模型

② 如果要使用第二条正弦波作为子系统算法的输入，可打开子系统并双击开关，将输入更改为 In2，再次进行仿真。

③ 要在使用和不使用 Bias 模块的模型仿真效果之间切换，可右击 Bias 模块，然后选择 Comment Through。此模块仍然在模型中，但不影响运算。右击 Bias 模块，然后选择 Uncomment 即可启用此模块。Comment Out 命令会注释掉模块的输出信号，因此不传递信号数据。

使用上述每个命令进行尝试，以便更好地理解它们的效果。

4.4.8 定义配置参数

对模型进行仿真之前，可以修改配置参数的默认值。配置参数包括数值解算器的类型、开始时间、停止时间以及最大步长大小。

(1) 从 Simulink Editor 菜单上，选择 Simulation→Model Configuration Parameters 命令，打开 Configuration Parameters 对话框，并显示 Solver 窗格，如图 4-16 所示。也可以通过单击 Simulink Editor 工具栏上的按钮来打开 Model Configuration Parameters 对话框。

(2) 在 Stop time 文本框中输入 20。如果 Solver 参数设置为 auto，Simulink 会为模型仿真确定最佳数值解算器。

(3) 选择 Additional parameters，在 Max step size(最大步长参数)文本框中输入 0.2。Max step size：决定了解算器能使用的最大时间步长，其默认值为“仿真时间/50”，即整个仿真过程至少取 50 个取样点，这样的取法对仿真时间较长的系统可能带来取样点过于稀疏，而使仿真结果失真，一般对于仿真时间不超过 15s 的取默认值即可，仿真时间超过 15s 的每秒至少保证 5 个采样点，仿真时间超过 100s 的每秒至少保证 3 个采样点。

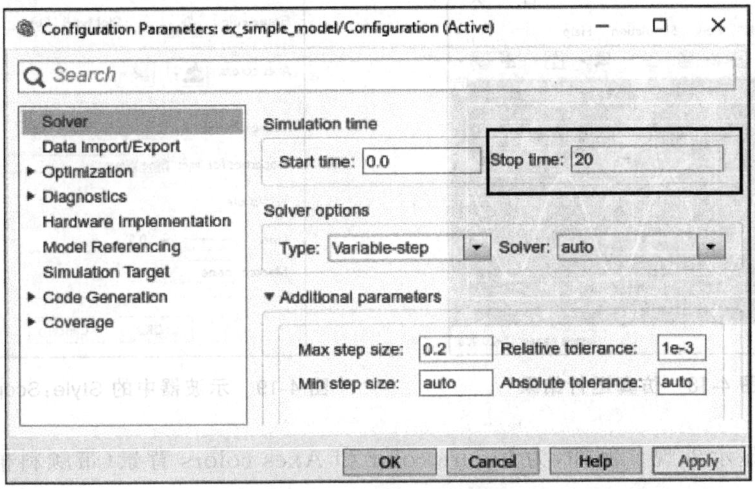

图 4-16 参数设置对话框

(4) 单击 Apply 按钮或 OK 按钮。

4.4.9 运行仿真

对图 4-17 所示的系统进行仿真。

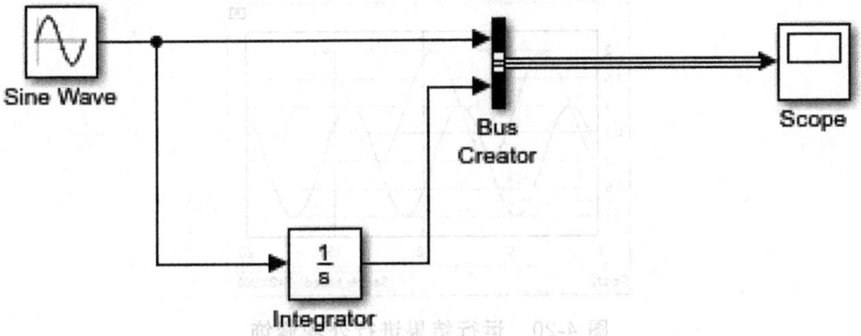

图 4-17 正弦、余弦仿真模型

(1) 从 Simulink Editor 菜单栏中，选择 Simulation→Run 命令。仿真开始运行，然后在到达 Configuration Parameters 对话框所指定的停止时间时停止运行；也可以通过单击 Simulink Editor 工具栏或 Scope 窗口工具栏上的“运行”仿真按钮和“暂停”仿真按钮来控制仿真。

仿真模型后，可以在 Scope 窗口中查看仿真结果。

(2) 双击 Scope 模块。Scope 窗口随即打开，并显示仿真结果。图中显示正弦波信号以及生成的余弦波信号，如图 4-18 所示。

(3) 在 Scope 窗口工具栏中，单击“设置”图标下拉菜单中的 Style 按钮，即可打开

Style:Scope 对话框,其中提供了显示选项,如图 4-19 所示。

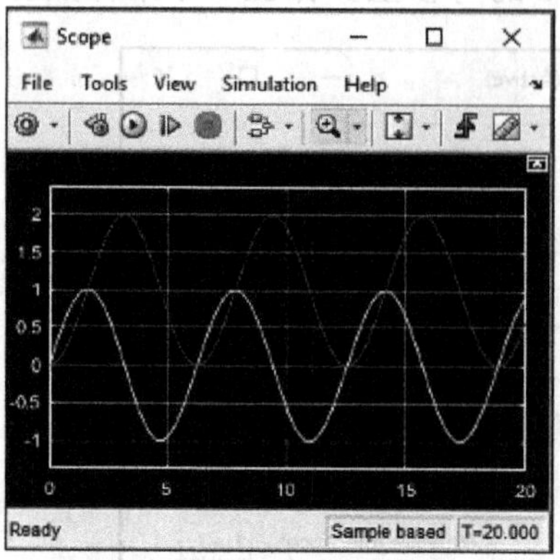

图 4-18 仿真运行结果

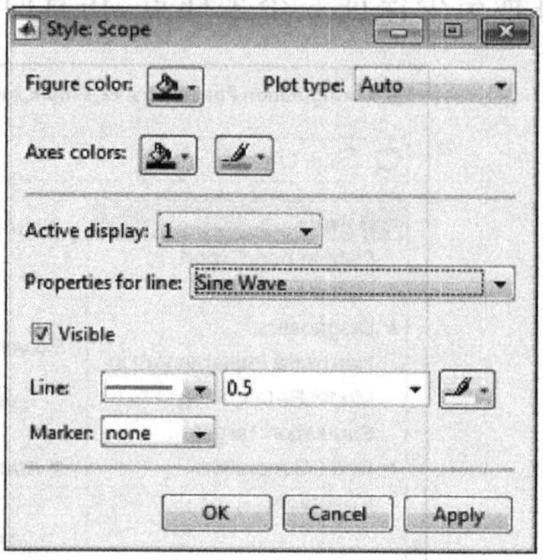

图 4-19 示波器中的 Style:Scope 对话框

(4) 更改显示外观。例如,为 Figure color 和 Axes colors 背景(带颜料桶的图标)选择白色。

(5) 为 Axes colors 刻度、标签和网格颜色选择黑色(带画笔的图标)。

(6) 将 Sine Wave 的信号线颜色更改为蓝色,将 Integrator 的信号线颜色更改为红色。要应用所做更改,需单击 OK 按钮或 Apply 按钮,如图 4-20 所示。

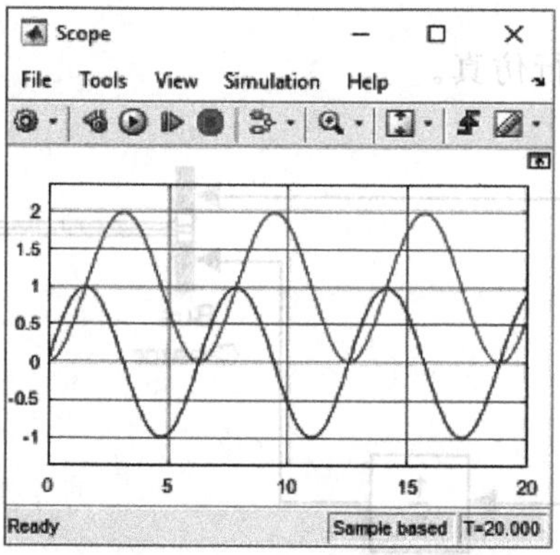

图 4-20 运行结果进行外观修饰

4.5 关于仿真和基于模型的设计

4.5.1 基于模型的设计概述

基于模型的设计是一种快速、经济、高效的动态系统(包括控制系统、信号处理和通信系统)开发过程。在基于模型的设计中,系统模型是整个开发过程(从需求开发到设计、实现和测试)的核心。模型是在开发过程中不断优化的可执行规范。完成模型开发后,可通过仿真来显示模型是否能够正常工作。

如果模型中的软件和硬件能够满足要求，如定点和计时行为，则可以生成代码进行嵌入式部署，并创建测试平台进行系统验证，从而节省时间并避免手动编码错误。

基于模型的设计可以通过下列方式提高效率。

(1) 各项目团队可共同使用同一设计环境。

(2) 将设计直接与需求挂钩。

(3) 将测试与设计相结合，以持续确定并更正错误。

(4) 通过多域仿真优化算法。

(5) 生成嵌入式软件代码。

(6) 开发和重用测试套件。

(7) 生成文档。

(8) 通过重用设计跨多个处理器和硬件目标部署系统。

4.5.2 使用 Simulink 进行建模、仿真和分析

使用 Simulink 可以跳出理想化的线性模型，研究真实环境下的非线性模型，全面考虑摩擦、空气阻力、齿轮滑动、急停以及其他描述真实现象的因素。可以将 Simulink 开发环境作为在现实中不可能实现的系统建模和分析实验室。

通过 Simulink 提供的工具，可对大部分真实世界的问题进行建模和仿真，如汽车离合器系统的行为、飞机机翼的震颤以及货币供给对经济的影响等。Simulink 还提供了对各种真实现象建模的示例。

1. 建模工具

Simulink 提供了一个图形编辑器，能够以模块图形式构建模型，就像使用铅笔和图纸那样绘制模型。Simulink 还有一个全面的模块库，其中包括信源模块、信宿模块、线性和非线性元件模块以及连接器模块。如果这些模块仍不能满足需求，还可以创建自己的模块。交互式环境简化了建模过程，无须在某种语言或程序中构建微分方程和差分方程。

模型采用层次结构，所以可以按照自上而下和自下而上的方式构建模型。可以先查看整体系统，然后逐级向下深入查看模型的细节，这样可以了解模型的组织方式以及各部件的交互方式。

2. 仿真工具

定义模型之后，可以选用一种数学积分方法，在 Simulink 中以交互方式，或者通过在 MATLAB 命令行窗口中输入命令的方式，对模型的动态行为进行仿真。命令对于批量运行仿真特别有用。例如，如果要执行 MonteCarlo 仿真或对某范围的值应用某个参数，可以使用 MATLAB 脚本。

使用示波器和其他显示模块，可以在运行仿真的同时查看仿真结果，然后可以通过更改参数进行假设研究分析。可以将仿真结果保存到 MATLAB 工作区，进行后期处理和可视化。

3. 分析工具

模型分析工具包括可从 MATLAB 中访问的线性化和配平工具，以及 MATLAB 中的许多工具及其应用程序工具箱。由于 MATLAB 与 Simulink 集成在一起，所以在这两个环境中都可以对模型进行仿真、分析和修改。

4.6 连续系统建模实例

【例 4-1】 典型非线性反馈系统如图 4-21 所示，其中控制器为 PI 控制器，其模型为

$$G_c(s) = \frac{K_p s + K_i}{s}$$

饱和非线性系统中的 $\Delta = 2$，$K_p = 3$，$K_i = 2$，死区非线性死区宽度 $\delta = 0.1$。

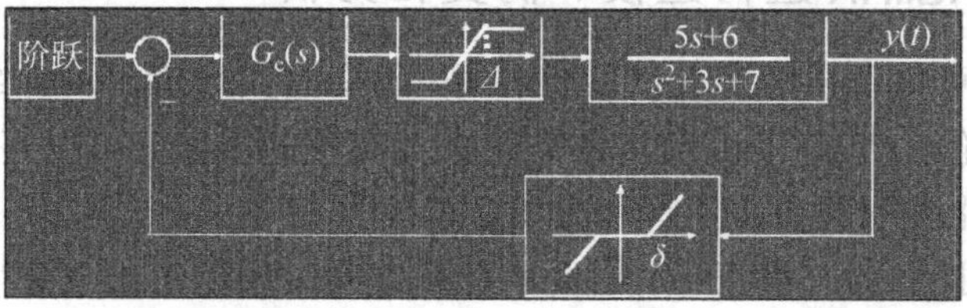

图 4-21 例 4-1 动态结构

解 (1) 在模块库中找出各个模块(表 4-1)，并拖曳至模型窗口，如图 4-22 所示。

表 4-1 例 4-1 各模块所属的子库

模块库	模块
Source	Step
Math	Aad
Continuous	Transfer Fcn
Discontinuities	Saturation
Discontinuities	Dead Zone

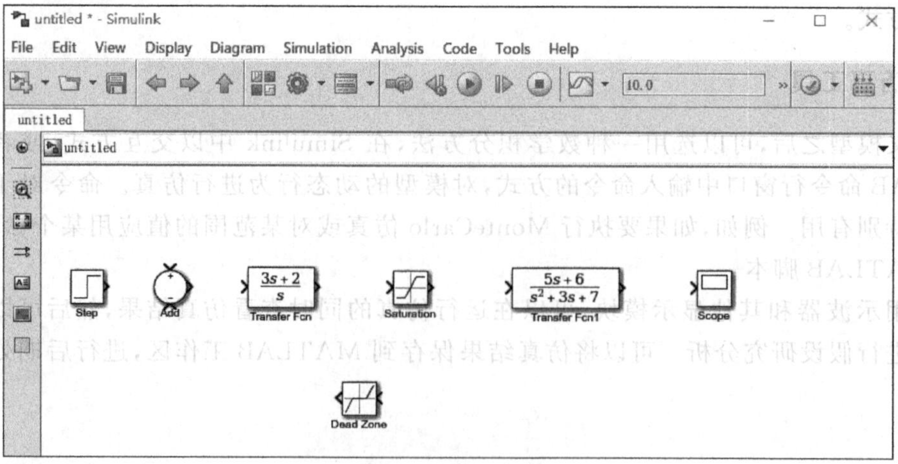

图 4-22 例 4-1 模块

（2）将各模块放置在相应位置上。

（3）参数设置。

① Add 模块。双击 Add 模块，如图 4-23 所示，将 Icon shape 选择为 round，List of signs 项修改为“＋－”。

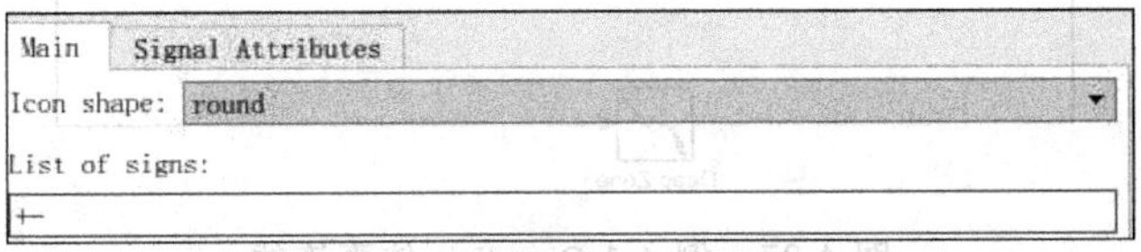

图 4-23　ADD 模块参数设置

② Transfer Fcn 模块。双击 Transfer Fcn 模块，如图 4-24 所示，修改传递函数的分子和分母系数。

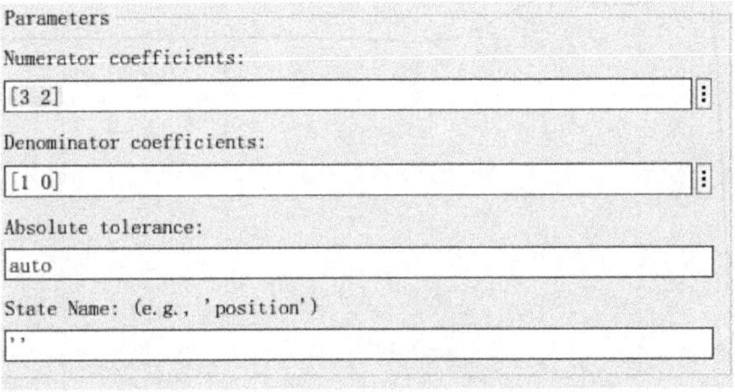

图 4-24　Transfer Fcn 模块参数设置

③ Saturation 模块。双击 Saturation 模块，如图 4-25 所示，按图设置各参数。

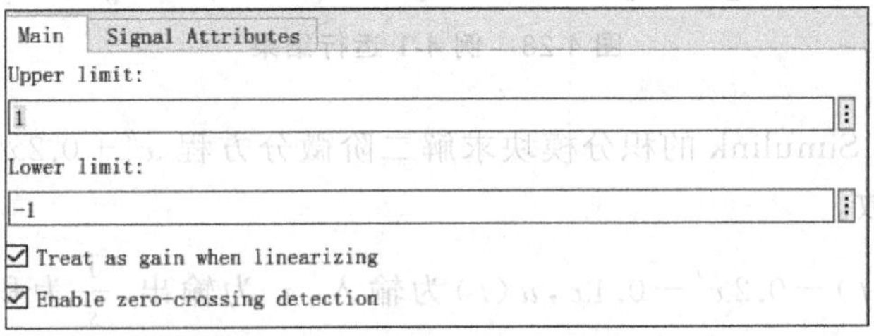

图 4-25　Saturation 模块参数设置

④ Dead Zone 模块。双击 Dead Zone 模块，如图 4-26 所示，按图设置参数。

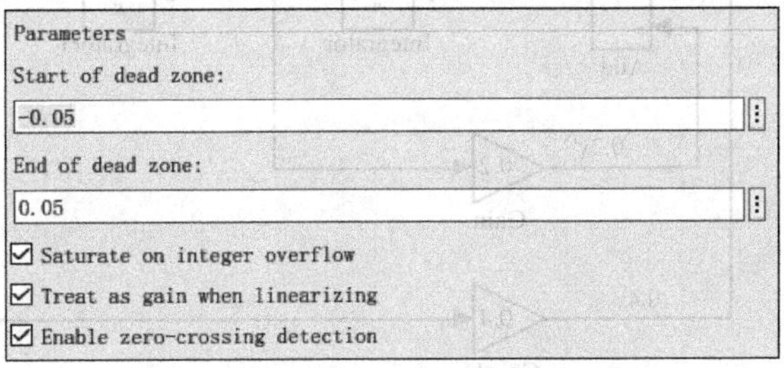

图 4-26　Dead Zone 模块参数设置

(4) 按信号传递方向连线，如图 4-27 所示。

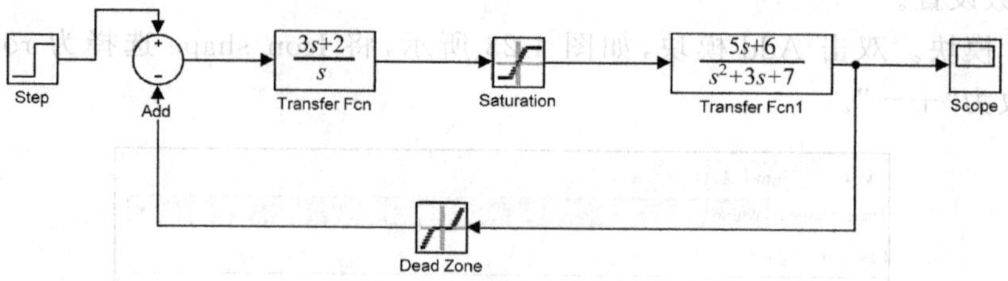

图 4-27 例 4-1 Simulink 仿真连线

(5) 单击“运行”按钮，并打开示波器，运行结果如图 4-28 所示。

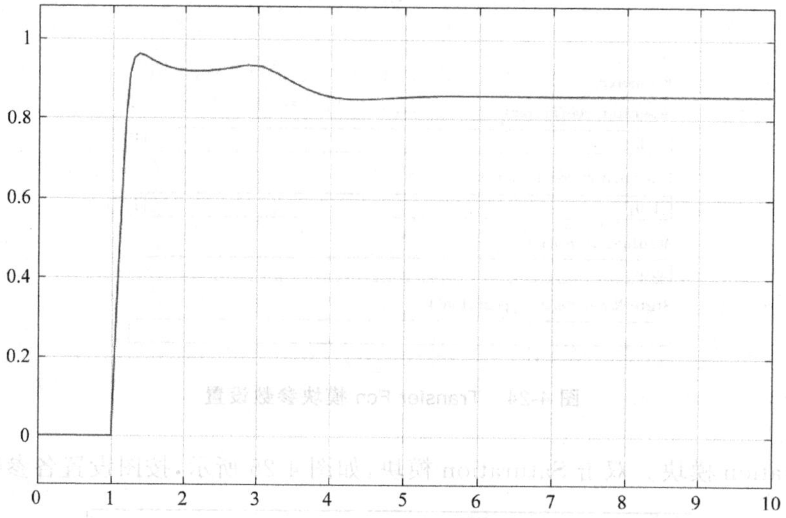

图 4-28 例 4-1 运行结果

【例 4-2】 使用 Simulink 的积分模块求解二阶微分方程 $x''+0.2x'+0.4x-0.2u(t)$，$u(t)$是单位阶跃函数。

解 $x''=0.2u(t)-0.2x'-0.4x$，$u(t)$为输入，x 为输出，$\frac{1}{s}$为积分环节，如图 4-29 所示。

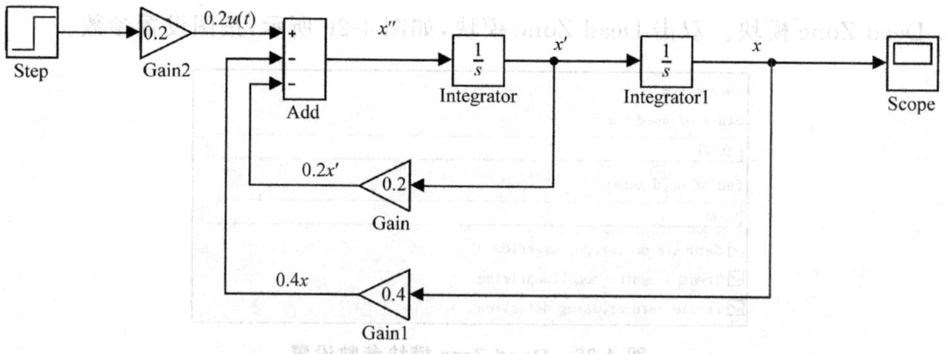

图 4-29 例 4-2 Simulink 模块连接

运行结果如图 4-30 所示。

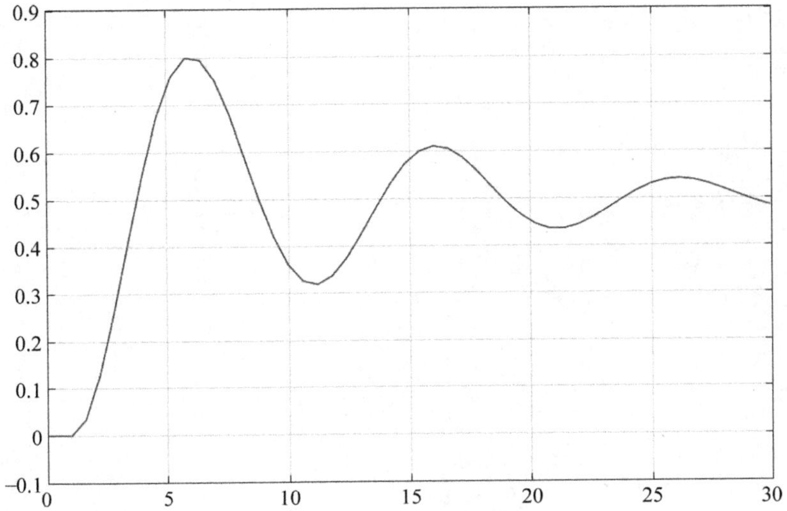

图 4-30　例 4-2 运行结果图

习　　题

4-1　怎样启动 Simulink 并调出模块库?

4-2　如何进行下列操作。

(1) 给模型窗口加标题。

(2) 翻转模块。

(3) 指定仿真时间。

(4) 设置示波器的显示刻度。

4-3　有以下传递函数,用 Simulink 进行建模,并对系统的阶跃响应进行仿真。

$$G(s)=\frac{1}{s^2+4s+8}$$

4-4　建立一个简单模型,用信号发生器产生一个幅度为 2V、频率为 0.5Hz 的正弦波,并叠加一个 0.1V 的噪声信号,将叠加后的信号显示在示波器上。

4-5　对以下微分方程用 Simulink 建模,$r(t)$为阶跃输入:

$$\frac{d^2y}{dt}+4\frac{dy}{dt}+3y=3r(t)\quad t>0$$

运行结果如图4-30所示。

图4-30 例4-2运行结果图

习 题

4-1 怎样启动 Simulink 并调出模块库?

4-2 如何进行下列操作。

(1) 给模型窗口加标题。

(2) 翻转模块。

(3) 指定仿真时间。

(4) 设置示波器的显示刻度。

4-3 有以下传递函数,用 Simulink 进行建模,并对系统的阶跃响应进行仿真。

$$G(s)=\frac{1}{s^2+4s+8}$$

4-4 建立一个简单模型,用信号发生器产生一个幅度为2V,频率为0.5Hz的正弦波,并叠加一个0.1V的噪声信号,将叠加后的信号显示在示波器上。

4-5 对以下微分方程用 Simulink 建模,$r(t)$为阶跃输入:

$$\frac{d^2y}{dt^2}+4\frac{dy}{dt}+3y=3r(t)\quad t>0$$

实 训 篇

第 5 章　MATLAB 在自动控制原理中的仿真实现

第 6 章　MATLAB 在电力电子电路中的仿真实现

第 7 章　MATLAB 在电力拖动自动控制系统中的仿真实现

第 8 章　MATLAB 在电力系统中的仿真实现

本书实训部分依托华邦电力科技股份有限公司的电力系统半实物仿真试验平台，均在辽宁科技学院电信学院电力系统半实物仿真实训室使用实时仿真控制器进行仿真验证，以期最大限度贴近生产实际。

实时仿真控制器是一种嵌入式工业计算机，它具备丰富的 I/O 资源，并运行嵌入式实时操作系统。面向不同的应用场景，提供多种类型的实时仿真机供用户选择。

实时仿真控制器具备以下特征优势。

1. 支持快速原型设计

实现用户的 Matlab/Simulink 仿真模型到嵌入式控制原型的自动转换。

2. 支持硬件在回路测试

用户的控制器等实物设备可以直接与快速原型仿真器连接，动态验证实物控制器性能。

3. I/O 资源丰富

有大量的 I/O 板卡资源供用户选择。

4. 可选配型号多

根据不同的应用场景，有嵌入式单板设备、PCI/CPCI/PXIe 等多种架构设备供选择。

可在性能更高的多核 CPU 和 FPGA 上运行 MATLAB/Simulink、Simulink Real-Time、Stateflow、Simscape、Simscape Electrical（以前称为 SimPowerSystems）或任何其他 MathWorks 软件工具设计的复杂物理模型。

本书实训部分使用的实时仿真控制器型号为 HBUREP100，其部分参数如下。

1. 额定数据

（1）额定电源电压：AC 220V。

（2）额定交流电压：相电压 100V。

（3）额定交流电流：5A。

（4）额定频率：50Hz。

（5）半周波：$100I_n$。

（6）实时仿真器机箱，仿真处理器具有4核心，处理器主频不低于3.2GHz，具有6MB三级缓存，采用22纳米制作工艺，TDP为77W。处理器支持双通道DDR3 1600内存。

2. 装置功耗

（1）交流电压回路：每相不大于1V·A。

（2）交流电流回路：I_n＝5A时每相不大于1V·A；I_n＝1A时每相不大于0.5V·A。

（3）零序电流回路：1A。

（4）保护电源回路：正常工作时，不大于12W；保护动作时，不大于15W。

（5）实时仿真器接口板卡，模拟量输入18路；电压型信号输入，范围－10～10V；模拟量输出18路，电压型信号输出，范围－10～10V；数字量输入64路，TTL电平；数字量输出64路，TTL电平。

（6）实时仿真器通信卡，带宽要求1000Mbit/s，支持以太网通信规约。

（7）实时仿真通信模板，模拟量输入18路；模拟量输出18路；数字量输入64路；数字量输出64路。

图Ⅱ-1　实时仿真控制器HBUREP100

半实物仿真实训室实时仿真控制器如图Ⅱ-1所示。

本书使用实时仿真控制器进行半实物仿真如图Ⅱ-2所示。

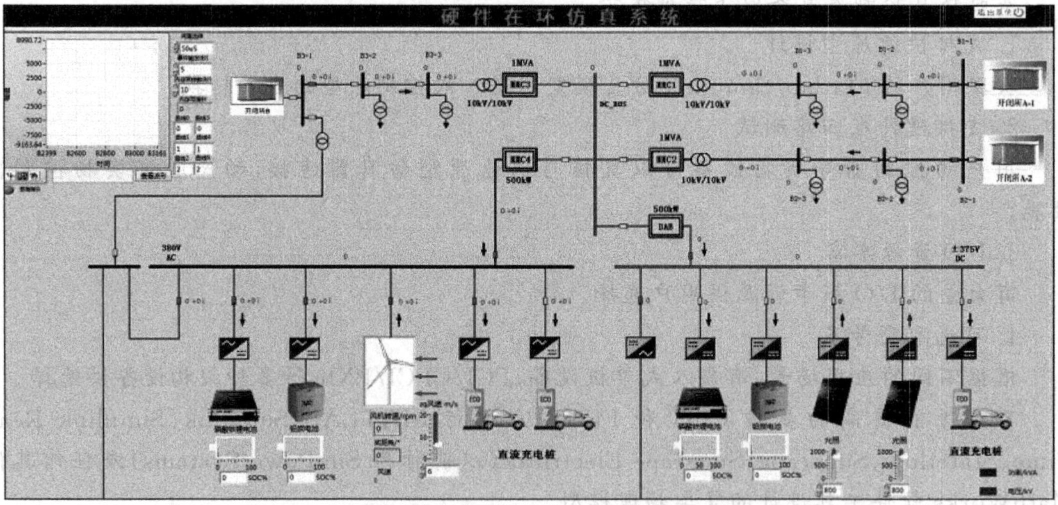

图Ⅱ-2　使用实时仿真控制器进行半实物仿真示意图

第 5 章 MATLAB 在自动控制原理中的仿真实现

在 MATLAB 的控制系统工具箱(Control System Toolbox)中提供了许多仿真函数与模块,用于对控制系统的仿真和分析,如时域分析、频率分析和根轨迹分析等,从而保证了系统的快速性、稳定性和准确性。

5.1 控制系统数学模型的建立

5.1.1 控制系统的模型及转换

线性控制系统是一般线性系统的子系统。在 MATLAB 中,对自动控制系统的描述采用 3 种模型,即状态空间模型(ss)、传递函数模型(tf)以及零极点增益模型(zpk)。模型转换函数,有 ss2tf、ss2zp、tf2ss、tf2zp、zp2ss 和 zp2tf。

为了给系统的调用和计算带来方便,根据软件工程中面向对象的思想,MATLAB 通过建立专用的数据结构类型,把线性时不变系统(LTI)的各种模型封装成统一的 LTI 对象。

MATLAB 控制系统工具箱中规定的 LTI 对象包含了 3 种子对象,即 ss 对象、tf 对象和 zpk 对象。每个对象都具有其属性和方法,如表 5-1 所示,通过对象方法可以存取或者设置对象的属性值。

表 5-1 LTI 属性列表

属性名称	意 义	属性值的变量类型
T_s	采样周期	标量
T_d	输入时延	数组
InputName	输入变量名	字符串单元矩阵(数组)
OutputName	输出变量名	字符串单元矩阵(数组)
Notes	说明	文本
Userdata	用户数据	任意数据类型

属性说明如下。

(1) 当系统为离散系统时,给出了系统的采样周期 T_s。$T_s=0$ 或采用默认时,表示系统为连续时间系统;$T_s=-1$ 表示系统是离散系统,但它的采样周期未定。

(2) 输入时延 T_d 仅对连续时间系统有效,其值为由每个输入通道的输入时延组成的时延数组,默认表示无输入时延。

(3) 输入变量名 InputName 和输出变量名 OutputName 允许用户定义系统输入、输出的名称,其值为一字符串单元数组,分别与输入、输出有相同的维数,可默认。

(4) Notes 和用户数据 Userdata 用以存储模型的其他信息,常用于给出描述模型的文本信息,也可以包含用户需要的任意其他数据,可默认。

5.1.2 传递函数在 MATLAB 中的表示

线性系统的传递函数一般可以表示成复数变量 s 的有理分式形式,即

$$G(s)=\frac{b_m s^m+b_{m-1}s^{m-1}+\cdots+b_1 s+b_0}{a_n s^n+a_{n-1}s^{n-1}+\cdots+a_1 s+a_0}$$

可采用下列几种方法把传递函数模型输入到 MATLAB 环境中。

(1) 将系统的分子和分母多项式的系数以向量的形式输入给两个变量 num 和 den,系统的分式模型由指定的分子向量和分母向量决定。命令格式如下:

```
>>num=[bm,bm-1,...,b1,b0]; den=[an,an-1, ...,a1,a0];
```

其中,num 为分子项(Numerator)英文缩写,作为分子向量名;den 为分母项(Denominator)英文缩写,作为分母向量名。

(2) 若要在 MATLAB 环境下得到多项式分式传递函数的形式,可以调用 tf( )函数。命令格式为

```
>>G=tf(num,den)
```

其中,(num,den)分别为系统的分子和分母多项式系数向量,返回的变量 G 为多项式分式传递函数形式。也可以直接采用以下命令:

```
>>G=tf([bm,bm-1,..., b1,b0],[ an,an-1, ...,a1,a0])
```

(3) 当系统传递函数为零、极点增益模型的形式时,有

$$G(s)=K_{\mathrm{ZPK}}=\frac{\prod_{i=1}^{m}(s-z_i)}{\prod_{j=1}^{m}(s-p_j)}$$

式中:K_{ZPK} 为系统增益;$z_i\,(i=1,2,\cdots,m)$ 为系统零点;$p_j\,(j=1,2,\cdots,n)$ 为系统极点。可调用 zpk()函数来描述:

```
>>G=zpk([z1,z2,...,zm],[ p1,p2, ...,pn],Kzpk)
```

执行上述命令后将返回系统零、极点增益形式的传递函数。

若想将多项式分式表示的传递函数转换成零、极点形式,可以在 MATLAB 中调用 zpk()函数,如 G1=zpk(G)。

【例 5-1】 在 MATLAB 中描述下列系统:

(1) $G_1(s)=\dfrac{5s+9}{2s^3+7s^2+s+11}$; (2) $G_2(s)=\dfrac{21(s+3)(s+7)}{(s+31)(s+1)(s+9)}$。

解 (1) 输入命令如下:

```
>>num=[5 9];den=[2 7 1 11];
>>G1=tf(num,den)
```

执行后,显示结果:

```
Transfer function:
      5 s+9
------------------------
2 s^3+7 s^2+s+11
```

解 (2) 输入命令如下:

```
>>z=[-3 -7];p=[-31 -1 -9];k=21;
>>G2=zpk(z,p,k)
```

执行后,显示结果:

```
Zero/pole/gain:
21 (s+3) (s+7)
------------------------
(s+31) (s+9) (s+1)
```

【例 5-2】 把例 5-1 中的 G_1 传递函数转换成零极点形式的传递函数。

解 可输入命令:

```
>>G=zpk(G1)
```

执行后,显示结果:

```
Zero/pole/gain:
           2.5 (s+1.8)
----------------------------------------------
(s+3.757) (s^2-0.2566s+1.464)
```

5.1.3 结构图模型的简化

1. 环节串联连接的简化

图 5-1 所示为两个串联环节,将多个环节的传递函数方框在 Simlink 的模型窗口里依次串联画出即成为系统方框图模型。当 n 个模块方框图模型 sys1,sys2,sys3,…,sys$n$ 串联连接时,其等效方框图模型为 sys=sys1 * sys2 *… * sys$n$。

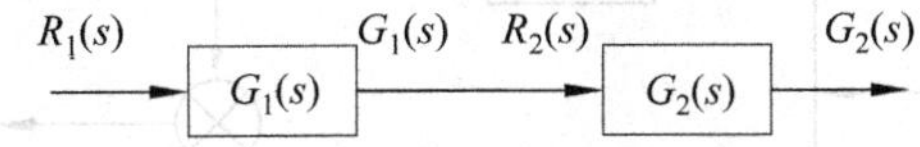

图 5-1 两个环节串联

或者用 series() 函数,格式为

```
[num,den]=series(num1,den1,num2,den2)
```

【例 5-3】 已知双环调速系统电流环内前向通道 3 个模块的传递函数分别为

$$G_1(s)=\frac{0.0128s+1}{0.04s},\quad G_2(s)=\frac{30}{0.00167s+1},\quad G_3(s)=\frac{2s}{0.0128s+1}$$

试求串联环节的等效传递函数。

解 求解的 MATLAB 程序如下：

```
>>n1=[0.0128 1]; d1=[0.04 0]; sys1=tf(n1,d1);n2=[30];d2=[0.00167 1];sys2=tf(n2,
d2);
n3=[2.5];d3=[0.0128 1];sys3=tf(n3,d3);
sys123=sys1*sys2*sys3
```

执行结果为

```
Transfer function:
              0.96 s+75
----------------------------------------------
8.55e-007 s^3+0.0005788 s^2+0.04s
```

或

```
>>num1=[0.0128 1];den1=[0.04 0];
>>num2=[30];den2=[0.00167 1];
>>[num5,den5]=series(num1,den1,num2,den2);
>>[num,den]=series(num5,den5,num3,den3);
>>printsys(num,den)
```

执行结果为

```
num/den=
              0.96 s+75
    ----------------------------------------------
    8.5504e-007 s^3+0.0005788 s^2+0.04s
```

2. 环节并联连接的简化

两个或多个环节的并联如图 5-2 所示，当 n 个模块方框图模型 sys1，sys2，…，sys$n$ 并联连接时，其等效方框图模型为 sys＝sys1±sys2±…sys$n$。

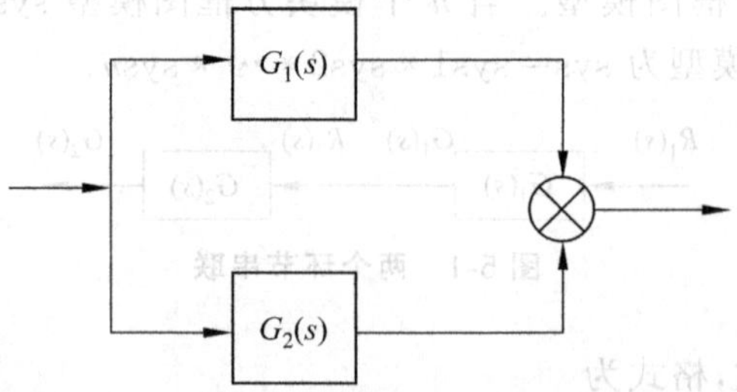

图 5-2 并联环节示意图

对于 SISO 系统，其基本格式为

```
sys=parallel(sy1,sy2)
```

对于 MIMO 系统，其基本格式为

```
sys=parallel(sy1,sy2,int1,int2,out1,out2)
```

【例 5-4】 已知两子系统传递函数分别为

$$G_1(s)=\frac{5}{s+1},\quad G_2(s)=\frac{7s+8}{s^2+2s+9}$$

试求两系统并联连接的等效传递函数的 num 与 den 向量。

解 求解的 MATLAB 程序如下：

```
>>num1=[5];den1=[1,1];sys1=tf(num1,den1);
num2=[7,8];den2=[1,2,9];sys2=tf(num2,den2);
sys=sys1+sys2
num=sys.num{1}
den=sys.den{1}
```

由以上运算数据可以写出系统等效传递函数为

```
Transfer function:
  12 s^2+25 s+53
-----------------------
s^3+3 s^2+11 s+9
num=      0     12     25     53
den=      1      3     11      9
```

或

```
>>num1=[5];den1=[1 1];
num2=[7 8];den2=[1 2 9];
[num,den]=parallel(num1,den1,num2,den2);
>>printsys(num,den)
```

执行结果为

```
num/den=
      12 s^2+25 s+53
   ---------------------------
   s^3+3 s^2+11 s+9
```

3. 反馈环节连接的简化

两个反馈环节连接如图 5-3 所示。对于 SISO 系统，其基本格式为 sys=feedback(sys1,sys2,sign)，其中，sign 默认时即为负反馈，即 sign=1，当为正反馈时，sign=−1 且不能省略。

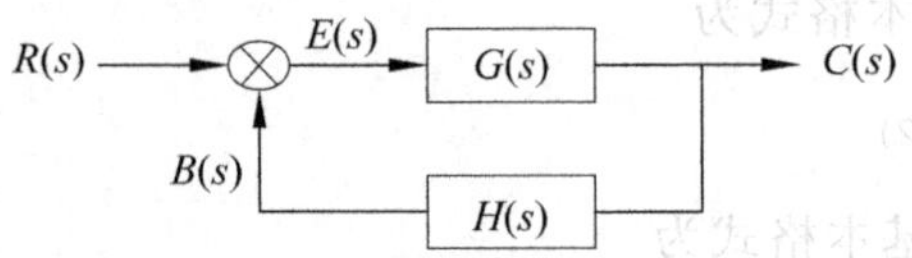

图 5-3　反馈环节连接

单位反馈连接用函数 cloop()的格式为

```
[num,den]=cloop(num1,den1,sign)
```

【例 5-5】　图 5-4 是晶闸管-直流电机转速负反馈单闭环调速系统(V-M 系统)的 Simulink 动态结构,试求其单闭环系统内小闭环的传递函数与系统的闭环传递函数。

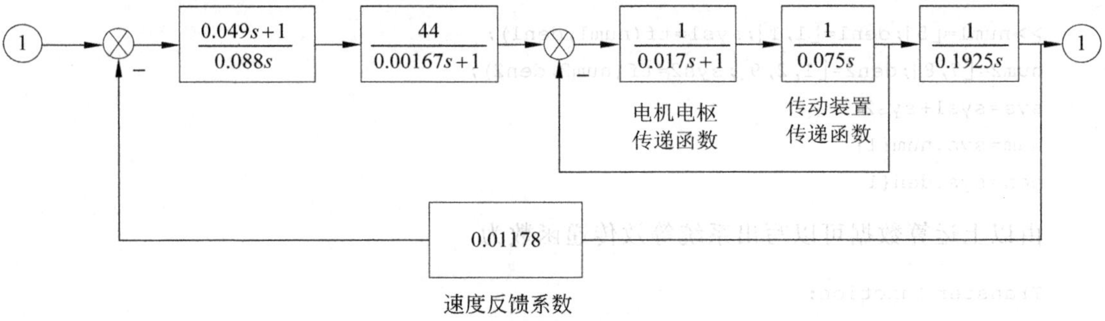

图 5-4　直流单闭环调速系统

解　求系统的闭环传递函数的 MATLAB 程序如下:

```
>>n1=[1];d1=[0.017 1];s1=tf(n1,d1);
n2=[1];d2=[0.075 0];s2=tf(n2,d2);s=s1*s2;
sys1=feedback(s,1)
n3=[0.049 1];d3=[0.088 0];s3=tf(n3,d3);
n4=[0 44];d4=[0.00167 1];s4=tf(n4,d4);
n5=1;d5=0.1925;s5=tf(n5,d5);
n6=0.01178;d6=1;s6=tf(n6,d6);
sysq=sys1*s3*s4*s5;
sys=feedback(sysq,s6)
```

运行结果为

```
Transfer function:
              1
---------------------------
0.001275 s^2+0.075 s+1
Transfer function:
                        2.156 s+44
------------------------------------
3.607e-008 s^4+2.372e-005 s^3+0.001299 s^2+0.04234 s+0.5183
```

【例 5-6】 设系统结构如图 5-5 所示，求系统闭环传递函数。

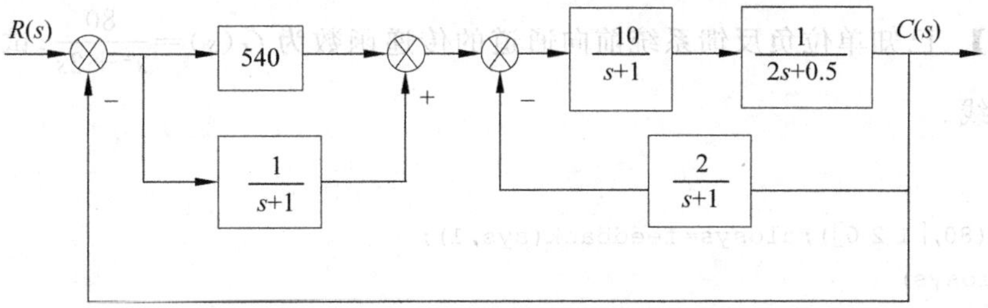

图 5-5 系统结构框图

解 程序如下：

```
num1=[540];den1=[1];num2=[1];den2=[1 2];num3=[10];den3=[1 1];
num4=[1];den4=[2 0.5];num5=[2];den5=[1 1];
[numa,dena]=parallel(num1,den1,num2,den2);
[numb,denb]=series(num3,den3,num4,den4);
[numc,denc]=feedback(numb,denb,num5,den5);
[numd,dend]=series(numa,dena,numc,denc);
[num,den]=cloop(numd,dend);
printsys(num,den);
```

运行结果如下：

```
num/den=
       5400 s^2+16210 s+10810
   ----------------------------------------------
   2 s^4+8.5 s^3+5412 s^2+16236.5 s+10851
```

5.2 MATLAB 在时域分析中的应用

5.2.1 时域分析曲线的绘制函数

1. 单位阶跃响应的函数 step( )

调用格式如下：

```
step(sys)
step(sys,t)
[y,t,x]=step(sys)
```

2. 单位脉冲响应函数 impulse( )

调用格式如下：

```
impulse(sys)
impulse(sys,t)
```

```
[y,t,x]=impulse(sys)
```

【例 5-7】 已知单位负反馈系统前向通道的传递函数为 $G(s)=\frac{80}{s^2+2s}$，试做出其单位阶跃响应曲线。

解

```
sys=tf(80,[1 2 0]);closys=feedback(sys,1);
step(closys)
impulse(closys)
```

运行程序可得系统的单位阶跃给定响应曲线与单位脉冲响应曲线如图 5-6 所示。

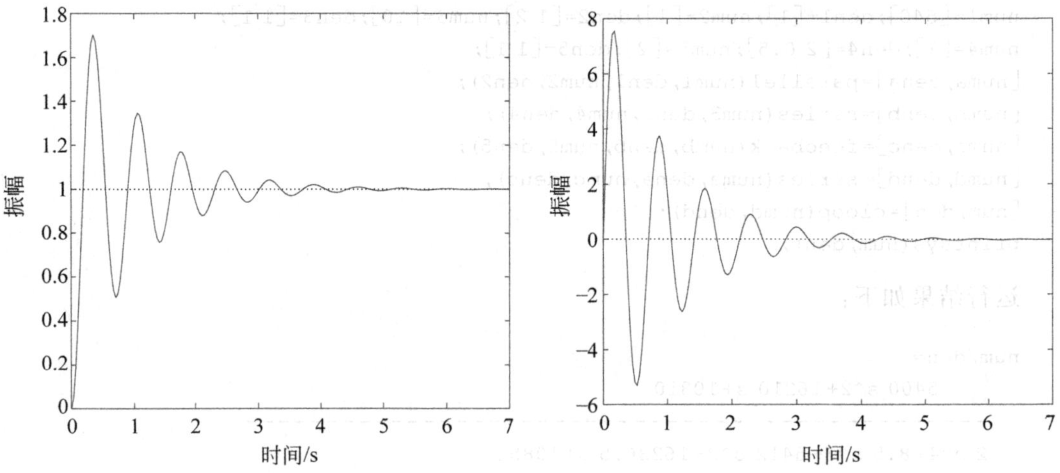

(a) 阶跃响应　　(b) 脉冲响应

图 5-6　单位阶跃响应和单位脉冲响应曲线

【例 5-8】 用 MATLAB 仿真函数命令绘制一阶系统 $\Phi(s)=\frac{1}{s+1}$，试做出其单位阶跃响应曲线、单位脉冲响应曲线、单位斜坡响应曲线与等加速度响应等曲线。

解 (1) 运行以下语句可得一阶系统的单位阶跃响应：

```
ys=tf([0 1],[1 1]);
subplot(2,2,1),step(ys)
```

(2) 运行以下语句可得一阶系统的单位脉冲响应：

```
sys=tf([0 1],[1 1]);
subplot(2,2,2), impulse(sys)
```

(3) 运行以下语句可得一阶系统的单位斜坡响应：

```
sys=tf([0  1],[1  1  0]); subplot(2,2,3),step(sys)
```

(4) 运行以下语句可得一阶系统的加速度响应：

```
sys=tf([0  1],[1  1  0  0]); subplot(2,2,4),step(sys)
```

脚本文件如图 5-7 所示，运行结果如图 5-8 所示。

Editor - C:\Users\Administrator.SC-201911251252\Desktop\l57.m

l57.m

```
figure(1)
ys=tf([0 1],[1 1]);
subplot(2,2,1),step(ys)
title('阶跃响应','fontname','宋体','FontSize',14)
sys=tf([0 1],[1 1]);
subplot(2,2,2), impulse(sys)
title('脉冲响应','fontname','宋体','FontSize',14)
sys=tf([0  1],[1  1  0]); subplot(2,2,3) , step(sys)
title('斜坡响应','fontname','宋体','FontSize',14)
sys=tf([0  1],[1  1  0  0]); subplot(2,2,4) , step(sys)
title('加速度响应','fontname','宋体','FontSize',14)
```

图 5-7　例 5-8 的 M 文件

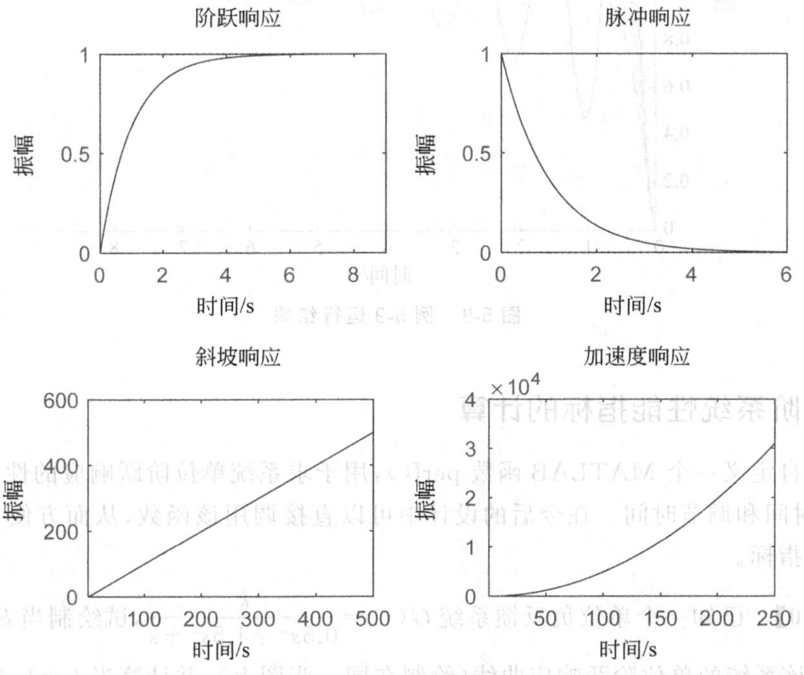

图 5-8　例 5-8 运行结果

【例 5-9】 典型二阶系统 $G(s)=\dfrac{\omega_n^2}{s^2+2\xi\omega_n s+\omega_n^2}$，试绘制出当 $\omega_n=6\xi$ 分别为 0.1、0.2…1.0、2.0 时系统的单位阶跃响应。

解　编写 MATLAB 程序如下：

```
wn=6;
kosi=[0.1:0.1:1.0,2.0];
figure(1)
hold on
```

```
for kos=kosi
num=wn.^2;
den=[1,2*kos*wn,wn.^2];
step(num,den)
end
title('阶跃响应')
hold off
```

执行后可得图 5-9 所示的单位阶跃响应曲线。

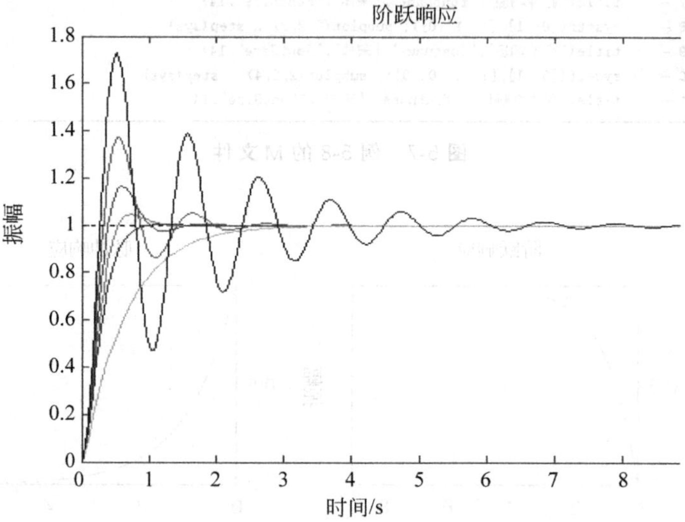

图 5-9　例 5-9 运行结果

5.2.2　二阶系统性能指标的计算

在这里自定义一个 MATLAB 函数 perf(),用于求系统单位阶跃响应的性能指标,即超调量、峰值时间和调节时间。在今后的设计中可以直接调用该函数,从而方便、快捷地得到系统的性能指标。

【例 5-10】 已知一个单位负反馈系统 $G(s)=\dfrac{k}{0.5s^3+1.5s^2+s}$,试绘制当 k 分别为 1.4、2.3、3.5 时,该系统的单位阶跃响应曲线(绘制在同一张图上),并计算当 $k=1.4$ 时系统的单位阶跃响应性能指标。

解　在程序文件方式下执行以下程序:

```
clear
num=1;den=[0.5 1.5 1 0];
rangek=[1.4 2.3 3.5];
t=linspace(0,20,200)';
for j=1:3
sl=tf(num*rangek(j),den);
sys=feedback(sl,1);y(:,j)=step(sys,t);
end
```

```
plot(t,y(:,1:3)),grid
gtext('k=1.4'),gtext('k=2.3')
gtext('k=3.5')
```

这是带鼠标操作的程序，必须采用程序文件执行方式。其操作方法是：在 MATLAB 命令窗口里按回车键后，曲线区域有纵横两条坐标线，其交点随鼠标移动。将交点指在相应曲线附近，3 次单击分别将 $k=1.4$、$k=2.3$、$k=3.5$ 标注在曲线旁。执行程序后，得到图 5-10 所示标注有其对应参数的 3 条单位阶跃响应曲线。由曲线可以看出，当 $k=1.4$ 时，阶跃响应衰减振荡，系统稳定；当 $k=3$ 时，响应等幅振荡，系统临界稳定；当 $k=3.5$ 时，响应振荡发散，系统不稳定。

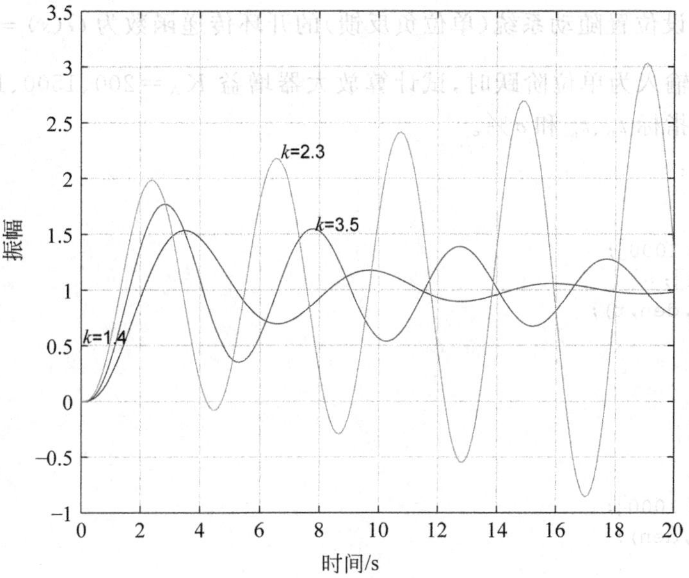

图 5-10　例 5-10 运行结果

【例 5-11】　用 MATLAB 求系统 $\Phi(s)=\dfrac{C(s)}{R(s)}=\dfrac{25}{s^2+4s+25}$ 的单位阶跃响应性能指标：上升时间、峰值时间、调节时间和超调量。

解　当阶跃命令左端含有变量时，如 [y,x,t]=step(num,den,t)，将不会显示响应曲线。阶跃响应的输出数据将保存在 y 中，t 中保存各采样时间点。若希望绘制响应曲线，可采用 plot 命令。

当需要计算阶跃响应性能指标时，可根据各指标的定义，结合 y 和 t 中保存的数据，计算各项性能指标。

```
num=[0 0 25];
den=[1 4 25];
[y,x,t]=step(num,den);
[peak,k]=max(y);                  %求响应曲线的最大值
overshoot=(peak-1)*100            %计算超调量
tp=t(k)                           %求峰值时间
%求上升时间
```

```
n=1;
while y(n)<1
n=n+1;
end
tr=t(n)
%求调节时间
m=length(t)
while(y(m)>0.98)&(y(m)<1.02)
m=m-1;
end
ts=t(m)
```

【例 5-12】 设位置随动系统(单位负反馈)的开环传递函数为 $G(s)=\dfrac{5K_A}{s(s+34.5)}$。

当给定位置输入为单位阶跃时,试计算放大器增益 $K_A=200$、1500、13.5 时,输出位置响应特性的性能指标 t_p、t_s 和 $\sigma\%$。

解 方法一:

```
num=1000;
den=[1 34.5 1000];
t=[0:0.01:1];
y=step(num,den,t);
plot(t,y)
>>grid
```

方法二:

```
num=[1000];
den=[1 34.5 1000];
sys=tf(num,den);
step(sys)
grid
```

阶跃响应曲线如图 5-11 所示。

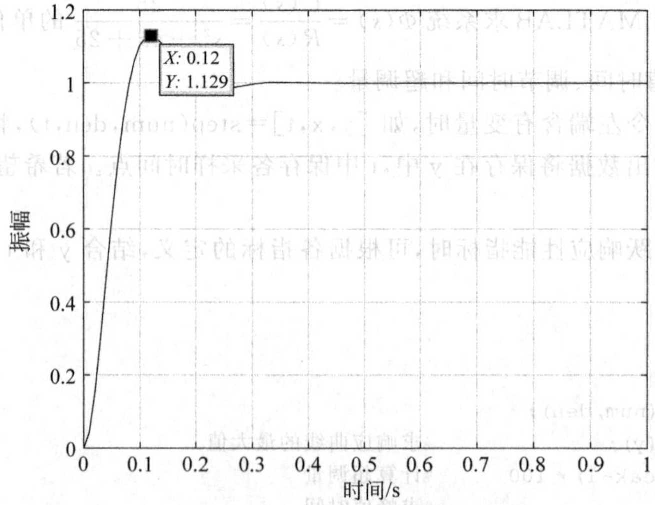

图 5-11 $K_A=200$ 时阶跃响应曲线

```
num=[7500];
den=[1 34.5 7500];
sys=tf(num,den);
step(sys)
grid
```

阶跃响应曲线如图 5-12 所示。

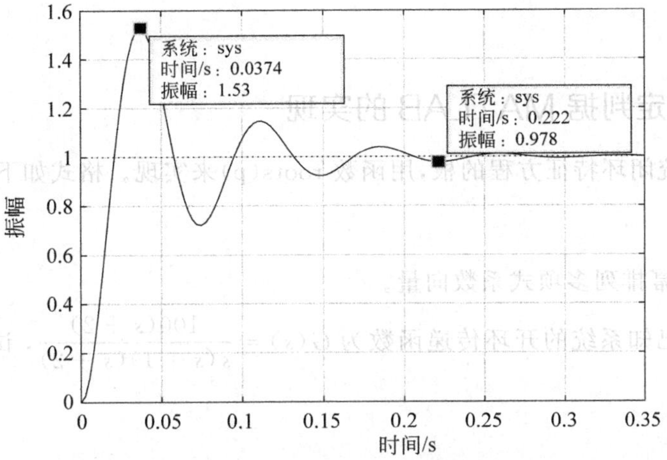

图 5-12　$K_A=1500$ 时阶跃响应曲线

```
num=[67.5];
den=[1 34.5 67.5];
sys=tf(num,den);
step(sys)
grid
```

阶跃响应曲线如图 5-13 所示。

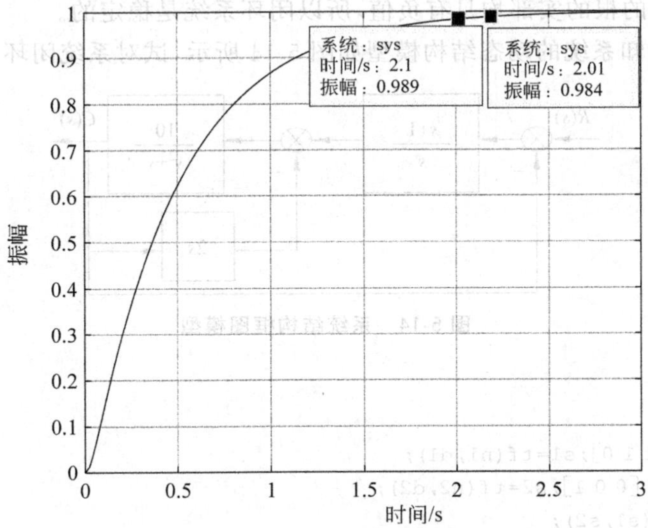

图 5-13　$K_A=13.5$ 时阶跃响应曲线

注意：在控制理论中介绍典型线性系统的阶跃响应分析时经常用一些指标来定量描述，如系统的超调量、上升时间、调节时间等，在 MATLAB 自动绘制的阶跃响应曲线中，如果想得出这些指标，只需单击图形工具栏的 Data cursor 图标，再在图形上单击即可。例如：

```
num=[67.5];
den=[1 34.5 67.5];
sys=tf(num,den);
step(sys)
grid
```

5.2.3 代数稳定判据 MATLAB 的实现

求解控制系统闭环特征方程的根，用函数 roots(p)来实现。格式如下：

```
roots(p)
```

其中，p 是降幂排列多项式系数向量。

【例 5-13】 已知系统的开环传递函数为 $G(s)=\dfrac{100(s+2)}{s(s+1)(s+2)}$，试对系统闭环判别其稳定性。

解

```
k=100;z=[-2];p=[0,-1,-20];
[n1,d1]=zp2tf(z,p,k);
G=tf(n1,d1);
P=n1+d1;
roots(P)
ans=-12.8990
   -5.0000
   -3.1010
```

闭环特征方程的根的实部均具有负值，所以闭环系统是稳定的。

【例 5-14】 已知系统的动态结构模型如图 5-14 所示，试对系统闭环判别其稳定性。

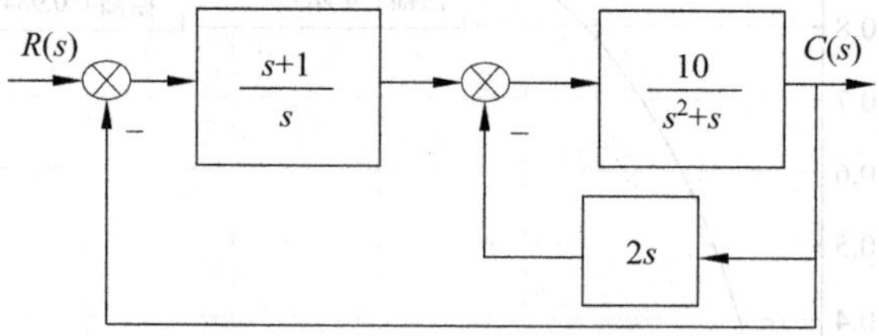

图 5-14 系统结构框图模型

解

```
n1=[10];d1=[1 1 0];s1=tf(n1,d1);
n2=[0 2 0];d2=[0 0 1];s2=tf(n2,d2);
s12=feedback(s1,s2);
n3=[0 1 1];d3=[0 1 0];s3=tf(n3,d3);
```

```
sysl=s12*s3;sys=feedback(sysl,1);
roots(sys.den{1})
ans=-20.5368
  -0.2316+0.6582i
  -0.2316-0.6582i
```

因此,系统稳定。

5.3 MATLAB在根轨迹中的应用

根轨迹是系统某一参数从零变化到无穷大时,闭环特征方程的根在复平面上移动的轨迹。前面介绍的根轨迹法则只能绘制根轨迹的草图,而用MATLAB仿真方法可以方便地绘制精确的控制系统根轨迹图。

5.3.1 绘制系统的零极点分布图

绘制根轨迹图以前,可以先确定系统零极点的位置。绘制系统零极点图的调用格式有以下两种。

(1) [p,z]=pzmap(A,B,C,D)
　　pzmap(p,z)

(2) [p,z]=pzmap(num,den)
　　pzmap(p,z)

图中的极点以"×"表示,零点以"○"表示。

【例5-15】 已知某系统的开环传递函数为

$$G(s)=\frac{s+4}{s^3+2s^2+4s}$$

求系统的开环零、极点位置。

解 在MATLAB的命令窗口中输入:

```
num=[1 4];
den=[1 2 4 0];
[p,z]=pzmap(num,den);
pzmap(p,z)
```

可得图5-15所示的结果。

5.3.2 绘制系统的根轨迹

在绘制系统根轨迹之前,先把系统的特征方程整理成标准根轨迹方程:

$$1+G(s)H(s)=1+K_r\cdot\frac{\text{num}(s)}{\text{den}(s)}=0$$

其中,K_r为根轨迹增益;num(s)为系统开环传递函数的分子多项式;den(s)为系统开环传递函数的分母多项式。

绘制根轨迹的调用格式有以下3种。

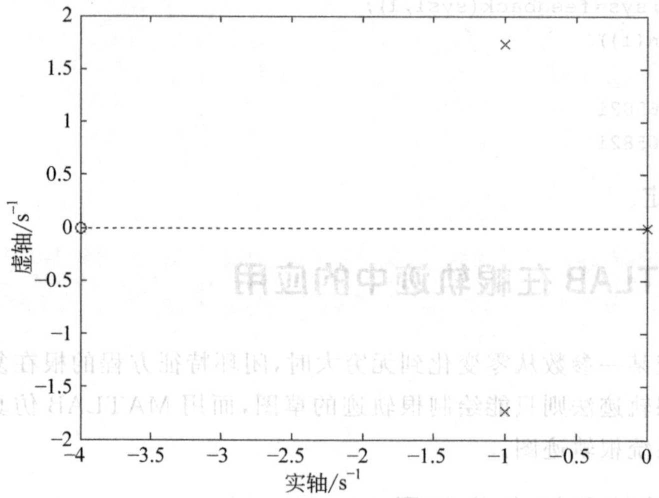

图 5-15　开环零、极点分布

(1) rlocus(num,den)：k 开环增益的范围自动设定。

(2) rlocus(num,den,k)：k 开环增益的范围人工设定。

(3) [r,k]=rlocus(num,den)：返回 r 和 k，不作图。

【例 5-16】 已知某系统的开环传递函数为

$$G(s)=K_r \cdot \frac{s+4}{s^3+2s^2+4s}$$

试绘制系统的根轨迹。

解　在 MATLAB 命令窗口输入：

```
num=[1 4];den=[1 2 4 0];
      rlocus(num,den)
```

可得图 5-16 所示的结果。

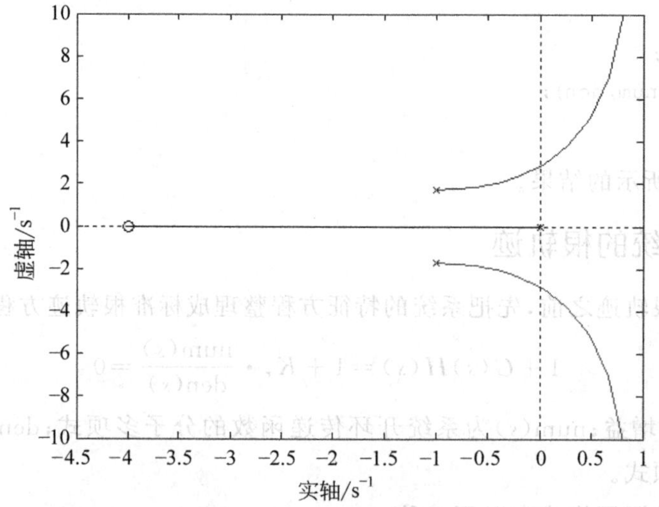

图 5-16　$K_r=0\to\infty$ 的根轨迹

【例 5-17】 若要求例 5-16 中的系统在 1～10 变化，绘制相应的根轨迹。

解 在 MATLAB 命令窗口输入：

```
num=[1 4];
den=[1 2 4 0];k=[1:0.5:10];
rlocus(num,den,k)
```

可得图 5-17 所示的结果。

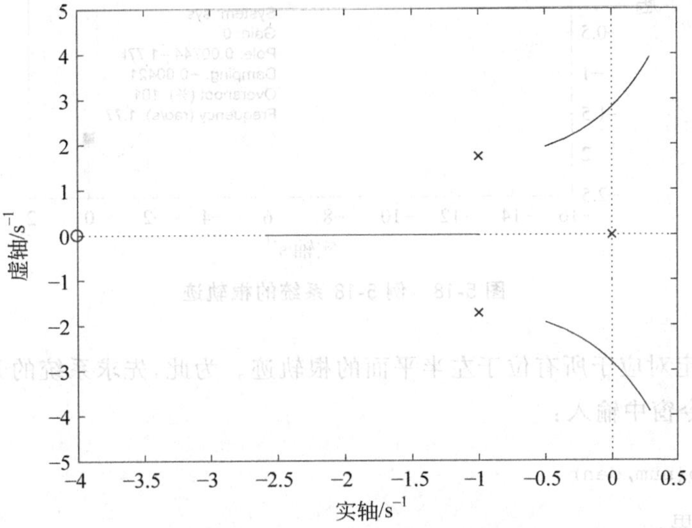

图 5-17 $K_r = 1 \to 10$ 的根轨迹图

5.3.3 根轨迹与系统性能

系统的极点位置反映了系统的很多特征。比如，若有闭环特征根落在复平面的右半平面上，则系统不稳定。若所有的闭环特征根都在复平面的左半平面且有共轭复根，则系统响应有渐近的衰减振荡。因此，利用根轨迹可以分析参数变化对系统性能的影响。下面举例加以说明。

【例 5-18】 已知某单位反馈系统的开环传递函数为

$$G(s)=\frac{K(s^2+5s+6)}{s^3+8s^2+3s+25}$$

试求：(1) 系统的根轨迹；(2) 系统稳定的 K 值范围；(3) 系统无超调量时的 K 值范围。

解 (1) 在 MATLAB 命令窗口中输入：

```
num=[1 5 6];
den=[1 8 3 25];
rlocus(num,den)
```

可得根轨迹图如图 5-18 所示。

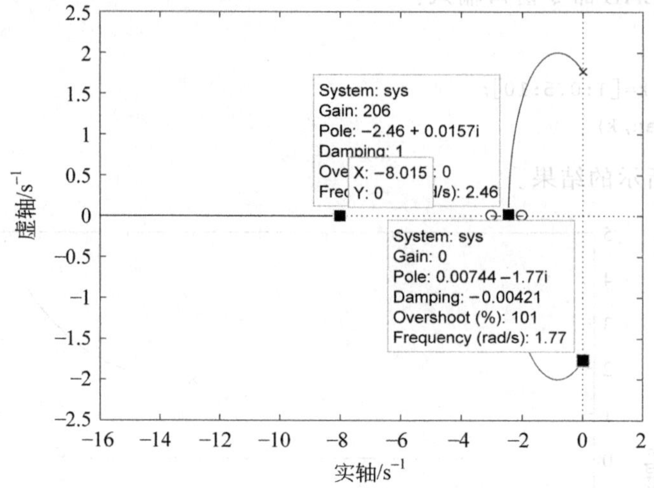

图 5-18　例 5-18 系统的根轨迹

（2）系统稳定对应于所有位于左半平面的根轨迹。为此，先求系统的开环零、极点。在 MATLAB 的命令窗中输入：

```
[p,z]=pzmap(num,den)
```

可得以下结果：

```
p=-8.0149
   0.0074+1.7661i
   0.0074-1.7661i
z=-3.0000
   -2.0000
```

再用 rlocfind()函数求出系统与虚轴交点的 K 值。

在 MATLAB 的命令窗中输入：

```
rlocfind(num,den)
```

利用弹出的图示框的放大功能，可以适当放大图片中需要的关键位置，获得与虚轴交点的 K 值，可得与虚轴交点的 K 值为 0.0264，故系统稳定的 K 值范围为 $K>0.0264$。

（3）从系统根轨迹中可知，系统有 3 条根轨迹，其中一条从极点 $P_1=-8.0149$ 出发沿左实轴向负无穷远处延伸；另外两条从 $P_{2,3}=0.0074\pm1.7661i$ 出发，朝左半平面至负实轴汇合，再向两个开环零点延伸。系统无超调，意味着 3 条系统根轨迹中处于负实轴上的部分。用 rlocfind( )函数可求出汇合点的 K 值为 206。于是得到结果无超调范围为 $K>206$。

5.4 MATLAB在系统频域分析中的应用

5.4.1 Bode图的绘制

功能：画出连续系统的对数频率响应Bode(伯德)图,并返回幅值裕度和相位裕度。格式如下：

```
>>[MAG,phase,wc]=Bode(num,den)
>>[MAG,phase,wc]=Bode(num,den,w)
>>Margin(num,den)
```

其中,num、den分别为系统传递函数的分子和分母向量;w为指定的频率范围向量;函数的返回变量MAG、phase分别用来存放幅值裕度和相位裕度;wc存放幅值穿越频率。

【例5-19】 某系统传递函数为

$$G_K(s)=\frac{10(0.5s+1)}{s(s+1)(0.05s+1)}$$

绘制出系统的Bode图。

解 可在命令窗口输入以下MATLAB命令：

```
>>k=100;
>>z=[-2];
>>p=[0,-1,-20];
>>[num,den]=zp2tf(z,p,k);
>>bode(num,den);
>>title('bode Plot');
```

执行后得图5-19所示的Bode图。

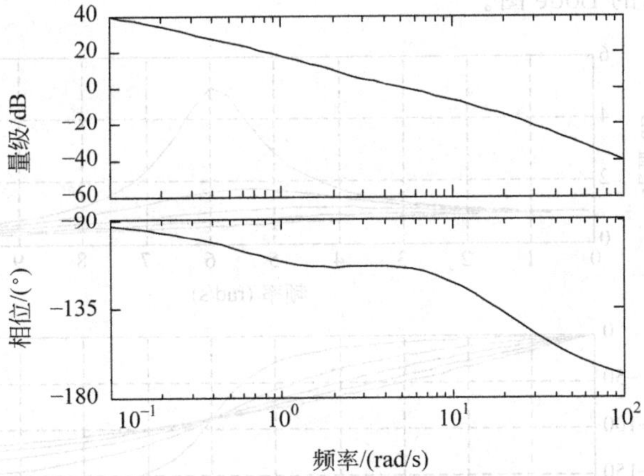

图5-19 例5-19系统Bode图

【例 5-20】 典型二阶系统

$$G_K(s)=\frac{\omega_n^2}{s^2+2\xi\omega_n s+\omega_n^2}$$

试绘制出 ζ 取不同值时的 Bode 图。

解 取 $\omega_n=6$，ζ 取[0.1 ：1.0] 时二阶系统的 Bode 图，可直接采用 bode( ) 函数得到。可编写含有以下命令的 MATLAB 程序：

```
wn=6;
kosi=[0.1 : 0.2 : 1.0];
w=logspace(-1,1,100);
figure(1);
num=[wn.^2];
for kos=kosi
den=[1,2*kos*wn,wn.^2];
 [mag,pha,w1]=bode(num,den,w);
subplot(2,1,1);hold on
semilogx(w1,mag);
subplot(2,1,2);hold on
semilogx(w1,pha);
end
subplot(2,1,1);grid on
title('bode Plot');
xlabel('Frequency(rad/sec)');
ylabel('gain db');
subplot(2,1,2);grid on
xlabel('Frequency(rad/s)');
ylabel('Phase deg')
hold off
```

执行后得图 5-20 所示的 Bode 图。

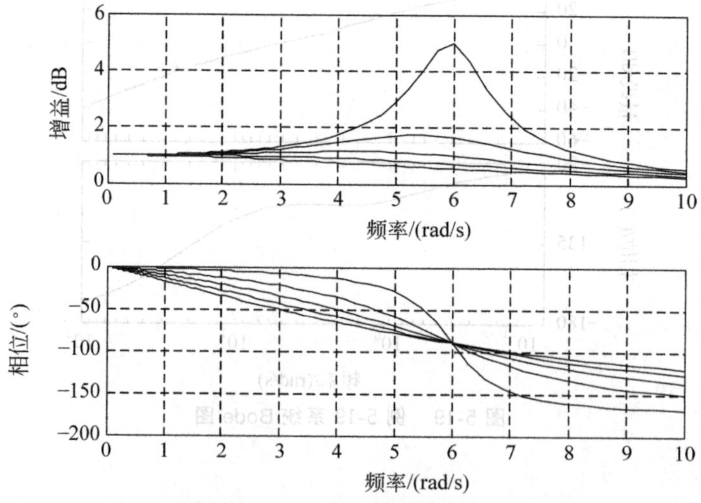

图 5-20 典型二阶系统的 Bode 图

5.4.2 奈氏判据

功能：求连续系统的 Nyquist(奈奎斯特)频率曲线。

格式：

```
nyquist(num,den)
nyquist(num,den,w)
```

其中，num、den、w 变量的意义同 bode( )函数。

【例 5-21】 某开环系统

$$G_K(s)=\frac{10}{(s+1)(2s+1)}$$

绘制系统 Nyquist 曲线，判断闭环系统稳定性，并绘制出单位负反馈闭环系统的单位阶跃响应。

解 根据开环系统传递函数，利用 nyquist()函数绘出系统的 Nyquist 曲线，并根据奈奎斯特判据判别闭环系统的稳定性，最后利用 cloop()函数(返回由指定的开环传递函数构成的单位负反馈系统的闭环传递函数)构成闭环系统，并用 step()函数求出系统的单位阶跃响应以验证系统的稳定性结论。

MATLAB 程序如下：

```
k=5;
z=[ ];
p=[-1,-0.5];
 [num,den]=zp2tf(z,p,k);
figure(1)
nyquist(num,den);
title('Nyquist Plot');
figure(2)
 [num1,den1]=cloop(num,den);
step(num1,den1);
title('Step Response');
```

执行后得图 5-21 所示的 Nyquist 曲线和图 5-22 所示的闭环系统单位阶跃响应。

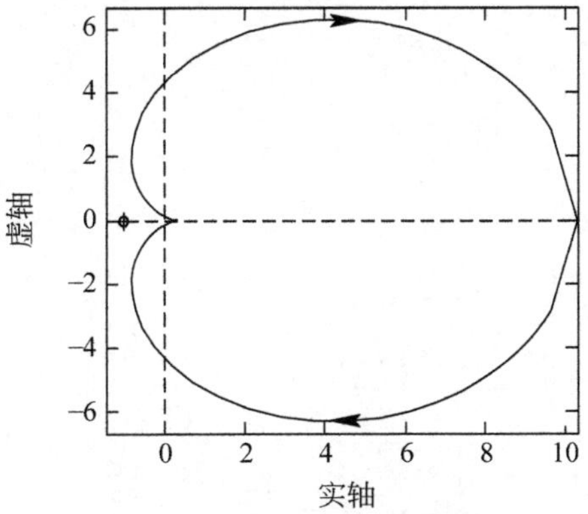

图 5-21 系统 Nyquist 曲线

从图 5-21 中可以看出，系统的 Nyquist 曲线没有包围(−1，j0)点且开环传递函数位于 s 平面右半部分的极点个数为 0，因此闭环系统稳定。这可在图 5-22 中得到证实。

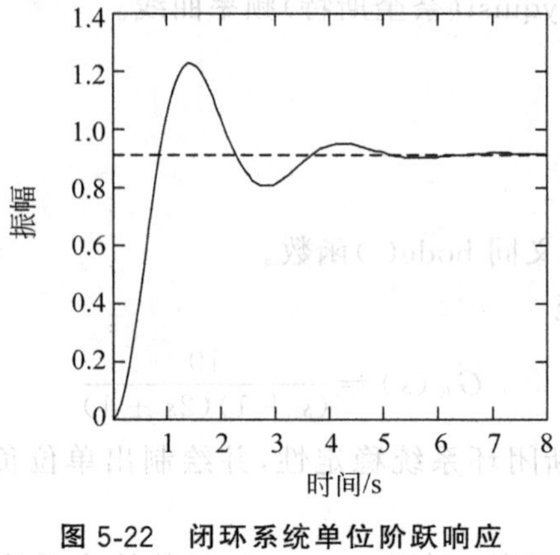

图 5-22　闭环系统单位阶跃响应

习　题

5-1　在 MATLAB 中建立以下系统的传递函数模型：

(1) $G_1(s)=\dfrac{7s+3}{3s^2+s+4}$；　　(2) $G_2(s)=\dfrac{s+6}{(2s+3)(s+2)}$

5-2　利用 MATLAB 绘制习题 5-1 中两系统的单位阶跃响应曲线，并求出相应的时域性能指标。

5-3　已知系统的特征方程，利用 MATLAB 判别系统的稳定性。

(1) $s^5+6s^4+12s^3+11s+6=0$；　　(2) $s^4+3s^3+2s^2+s+5=0$

5-4　利用 MATLAB 绘制习题 5-1 中两系统的 Bode 图，并求出相应的幅值裕度、相位裕度和幅值穿越频率。

第 6 章

MATLAB 在电力电子电路中的仿真实现

运用现代仿真技术是学习、研究和设计电力电子电路的高效、便捷的方法。本章介绍了 3 个项目，分别是单相半波可控整流实训、单相全桥可控整流及逆变实训和三相桥式全控整流实训。

6.1 单相半波可控整流实训

6.1.1 主电路拓扑

单相半波整流电路由整流电源、晶闸管、负载组成，其主电路、交流电源波形、触发脉冲波形、直流电压波形、晶闸管电压波形如图 6-1 所示。

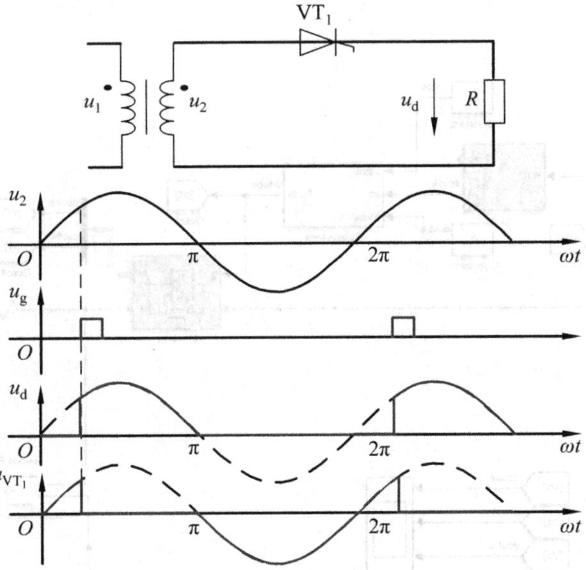

图 6-1 单相半波整流电路

6.1.2 电路的 Simulink 建模

根据图 6-1 所示的主电路拓扑建立仿真模型。打开 Simulink Library Browser，在图 6-2所示子目录下找到Power Electronics，选择晶闸管模型，在新建 Simulink 文件中建立单相半波可控整流电路的仿真模型，如图 6-3 所示，其控制回路子系统模型如图 6-4 所示，斜坡发生器模型如图 6-5 所示。

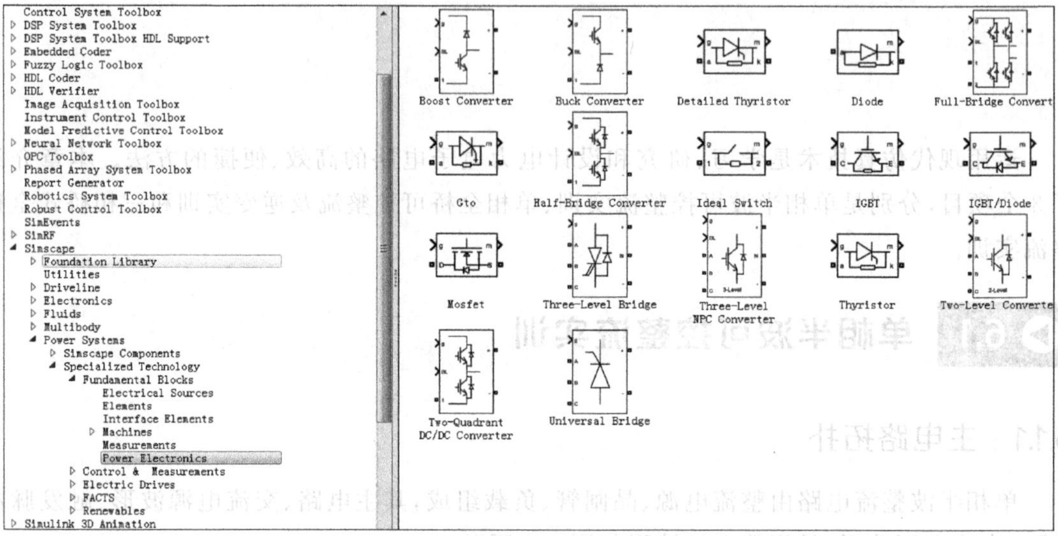

图 6-2　电力电子模型库

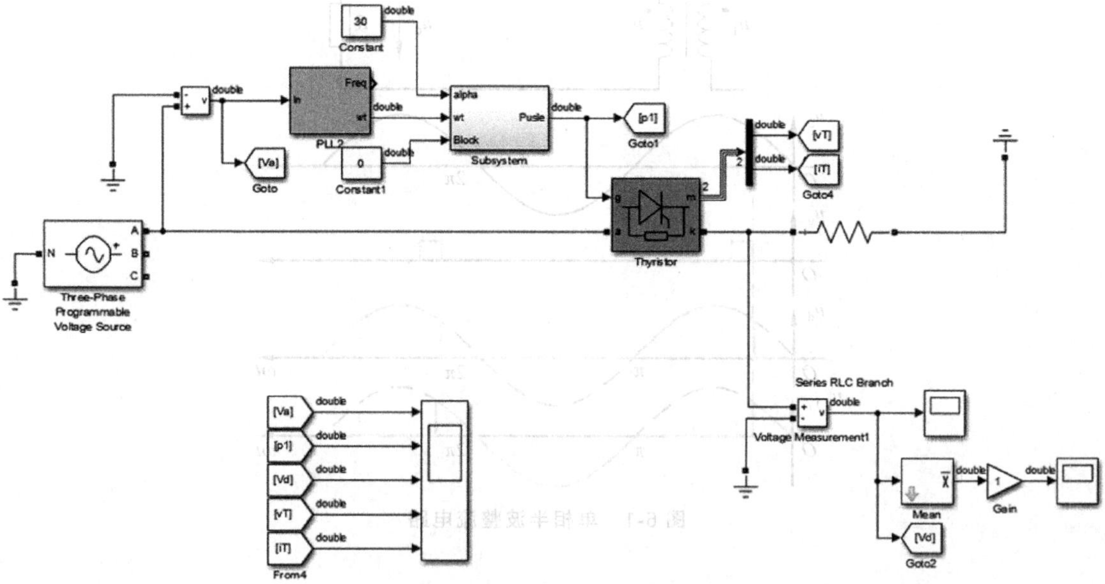

图 6-3　单相半波可控整流电路仿真模型

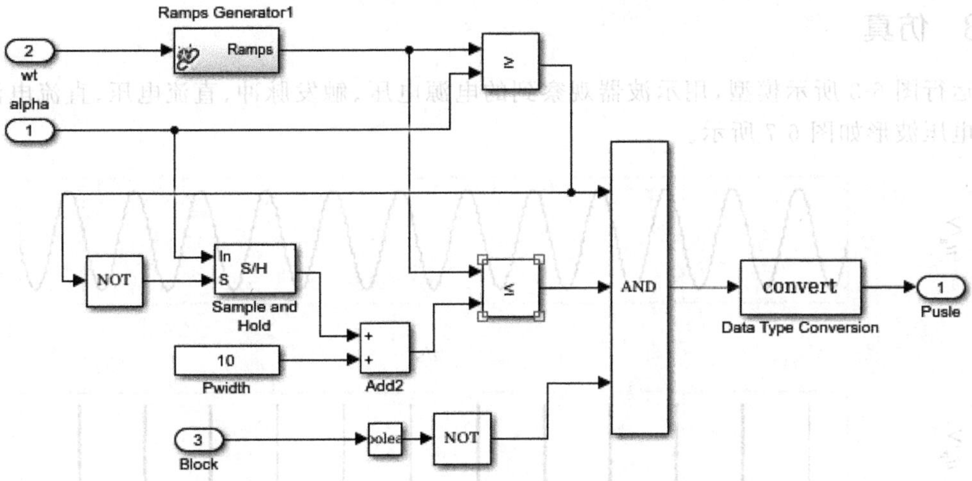

图 6-4　单相半波可控整流电路的控制回路子系统模型

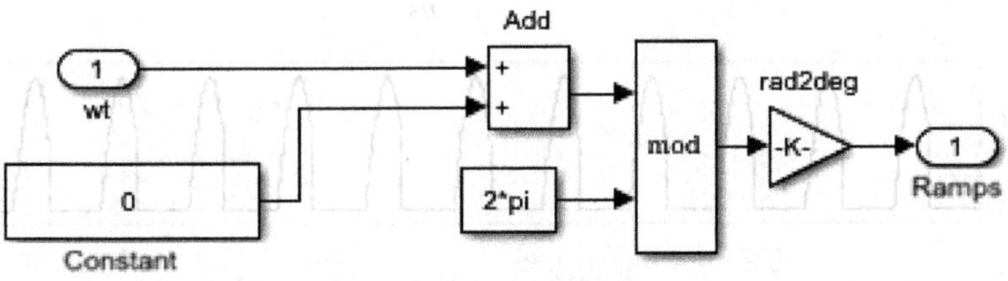

图 6-5　斜坡发生器模型

在图 6-3 中，取三相电源的 a 相作为整流电源，u_a 相当于图 6-1 中的 u_2。晶闸管参数包括通态电阻、电感、正向导通压降、缓冲电路的电阻和电容等，晶闸管参数设置如图 6-6 所示。

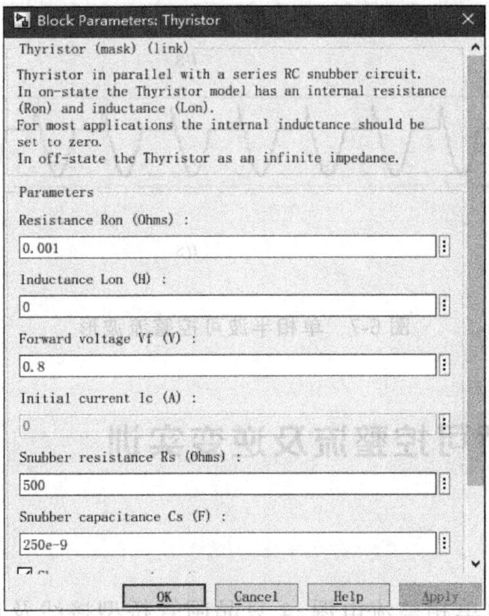

图 6-6　晶闸管参数设置

6.1.3 仿真

运行图 6-3 所示模型，用示波器观察到的电源电压、触发脉冲、直流电压、直流电流、晶闸管电压波形如图 6-7 所示。

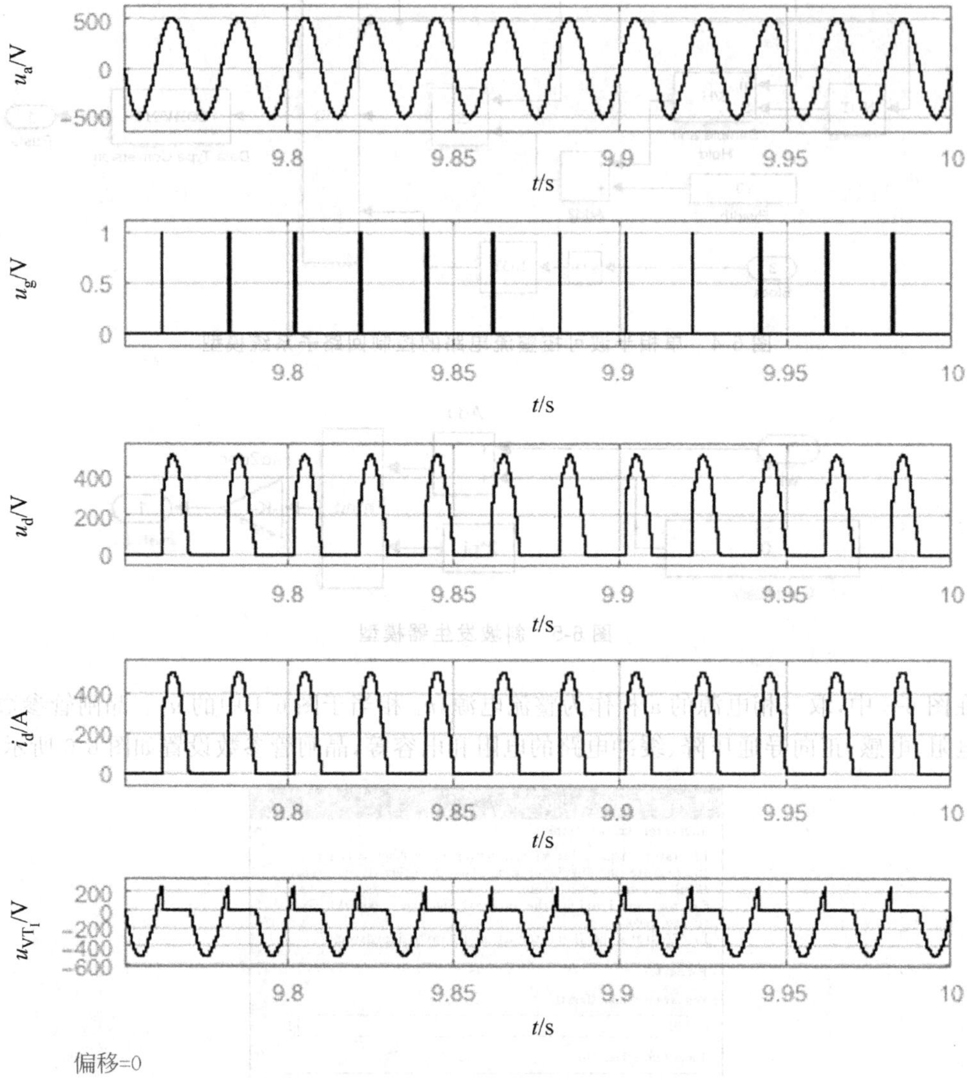

图 6-7 单相半波可控整流波形

6.2 单相全桥可控整流及逆变实训

6.2.1 主电路拓扑

单相全控整流电路由单相整流电源、4 只晶闸管桥型接线及负载组成，其主电路、交流电源波形、触发脉冲波形、直流电压波形、晶闸管电压波形如图 6-8 所示。

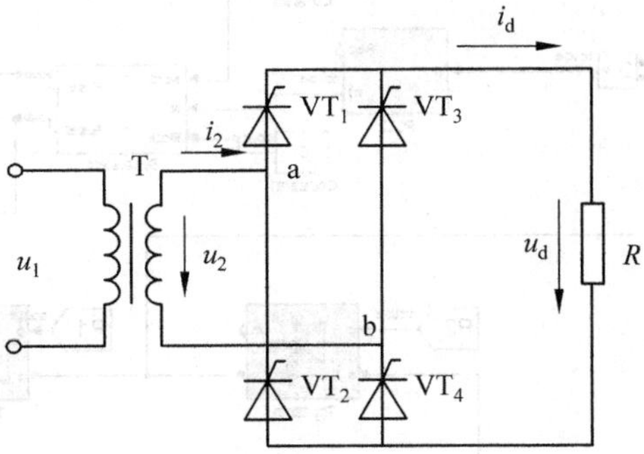

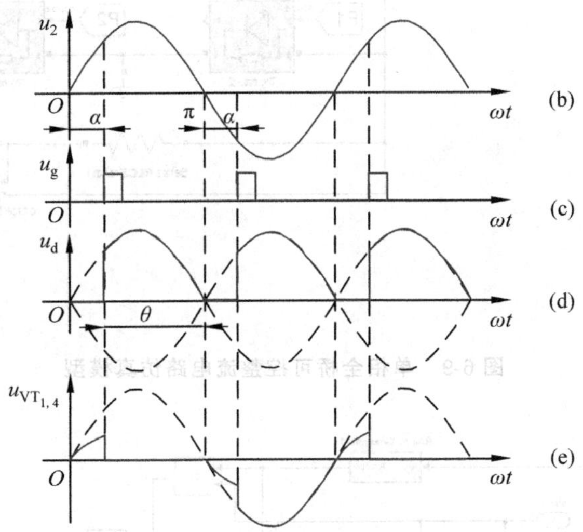

图 6-8 单相全桥可控整流电路

6.2.2 电路的 Simulink 建模

根据图 6-8 所示主电路拓扑建立仿真模型。打开 Simulink Library Browser，在图 6-2 所示子目录下找到 Power Electronics，选择晶闸管模型，在新建 Simulink 文件中建立单相全桥可控整流电路的仿真模型，如图 6-9 所示，其控制回路子系统模型如图 6-10 所示，斜坡发生器模型如图 6-11 所示。

在图 6-9 中，取三相电源的测 c 相作为整流电源，u_c 相当于图 6-8 中的 u_2。晶闸管参数设置仍然按图 6-6 设置即可。

6.2.3 仿真

1. 整流实训

运行图 6-9 所示模型，设置触发角为 30°，示波器观察到的电源电压、触发脉冲、负载电压、晶闸管电压波形如图 6-12 所示。

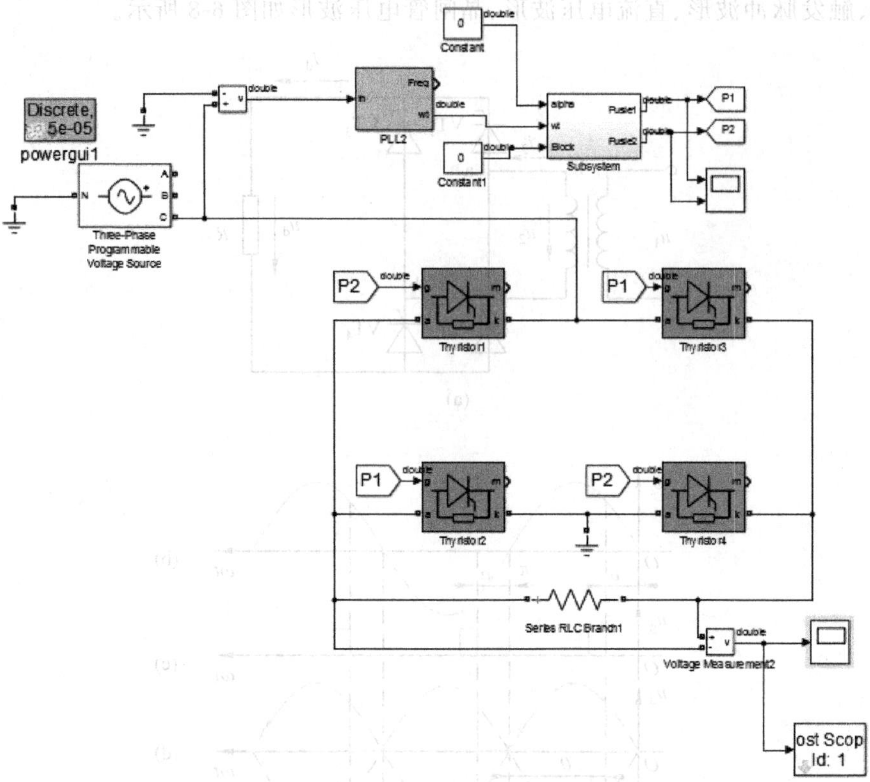

图 6-9　单相全桥可控整流电路仿真模型

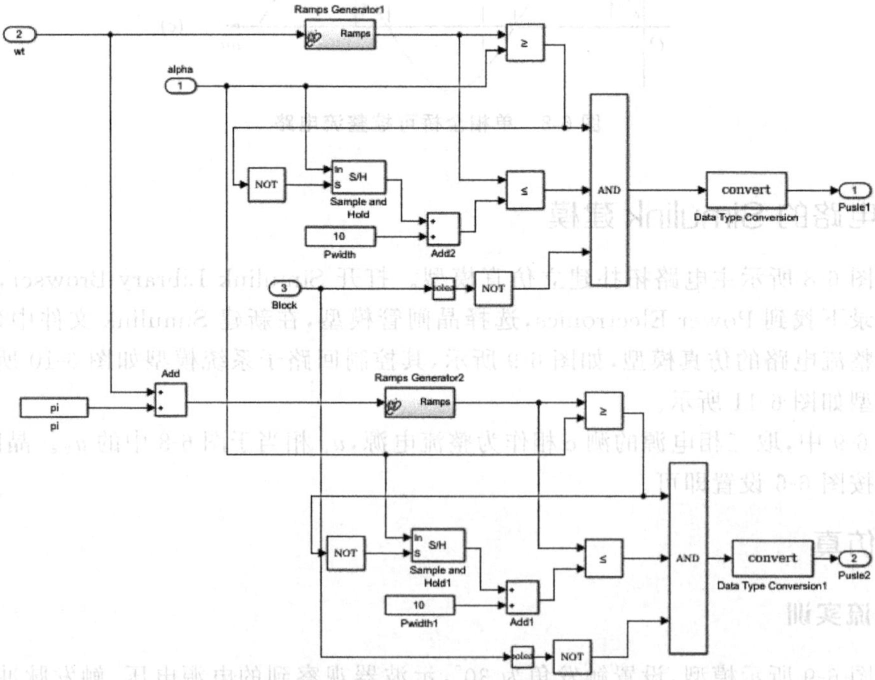

图 6-10　单相全桥可控整流电路的控制回路子系统模型

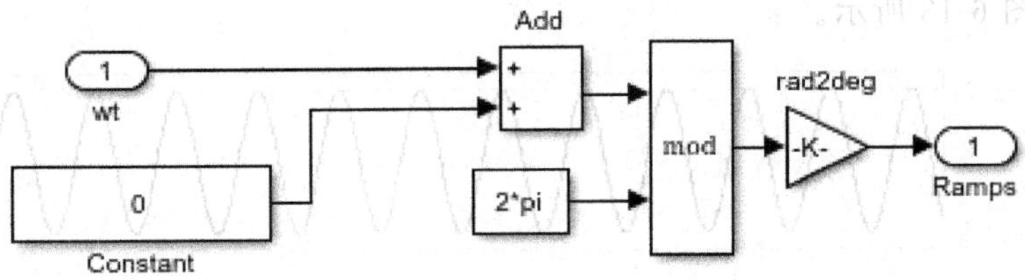

图 6-11　斜坡发生器模型

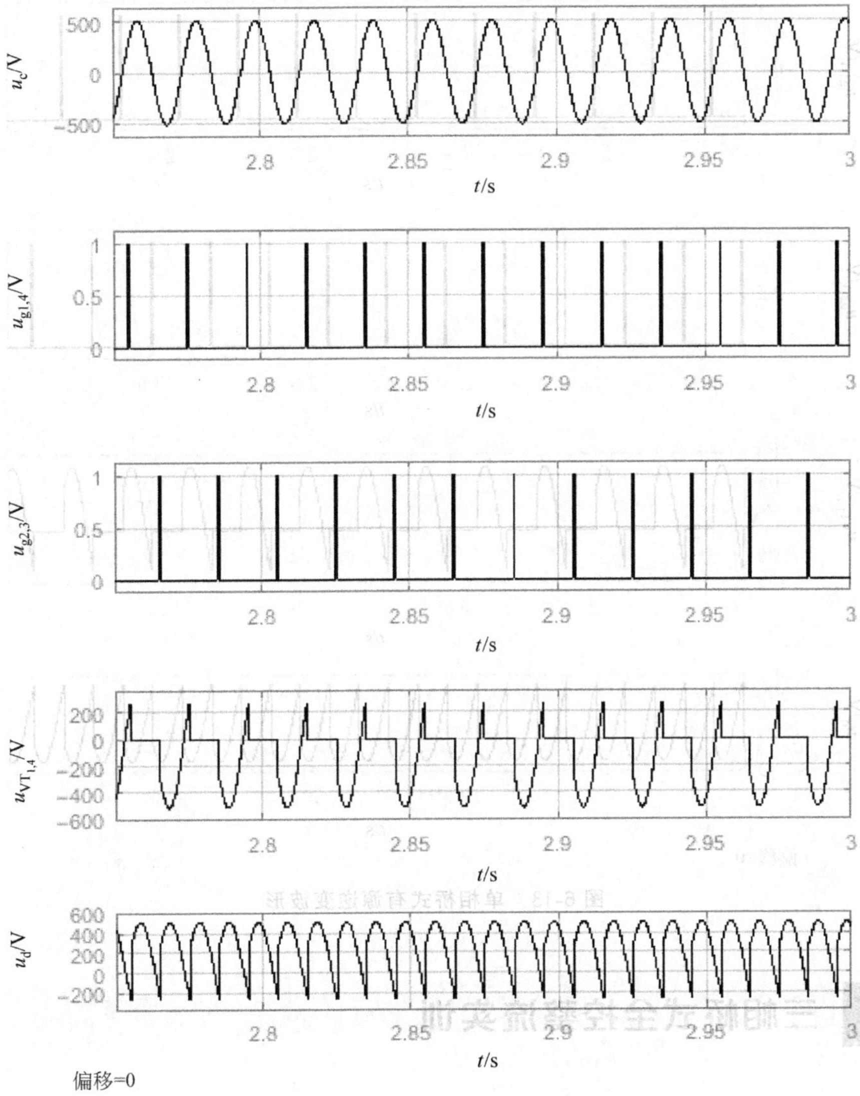

图 6-12　单相桥式全控整流波形

2. 有源逆变实训

首先将图 6-9 中的电阻负载更改为大电感＋反电动势形式，同时触发角设置为大于 90°。然后运行修改后的图 6-9 模型，示波器观察到的电源电压、触发脉冲、负载电压、晶闸管电压波形如图 6-13 所示。

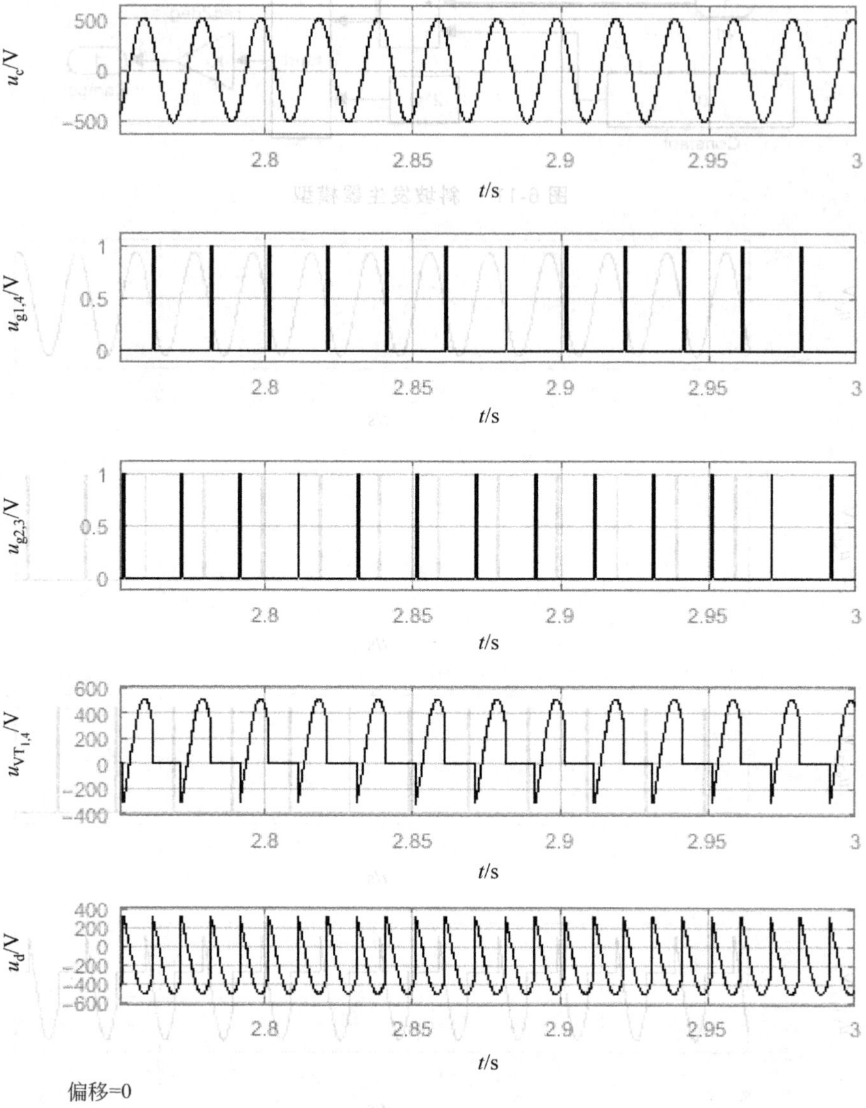

图 6-13　单相桥式有源逆变波形

6.3　三相桥式全控整流实训

6.3.1　主电路拓扑

三相桥式全控整流电路是应用最为广泛的整流电路，其电路原理如图 6-14 所示。

6.3.2　电路的 Simulink 建模

根据图 6-14 所示的主电路拓扑建立仿真模型如图 6-15 所示。

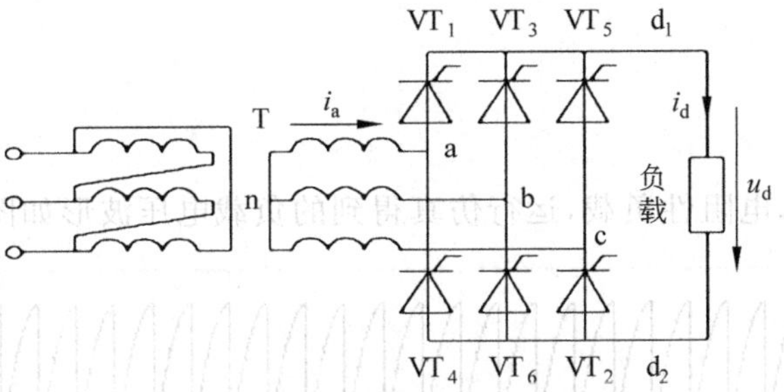

图 6-14 三相桥式全控整流电路

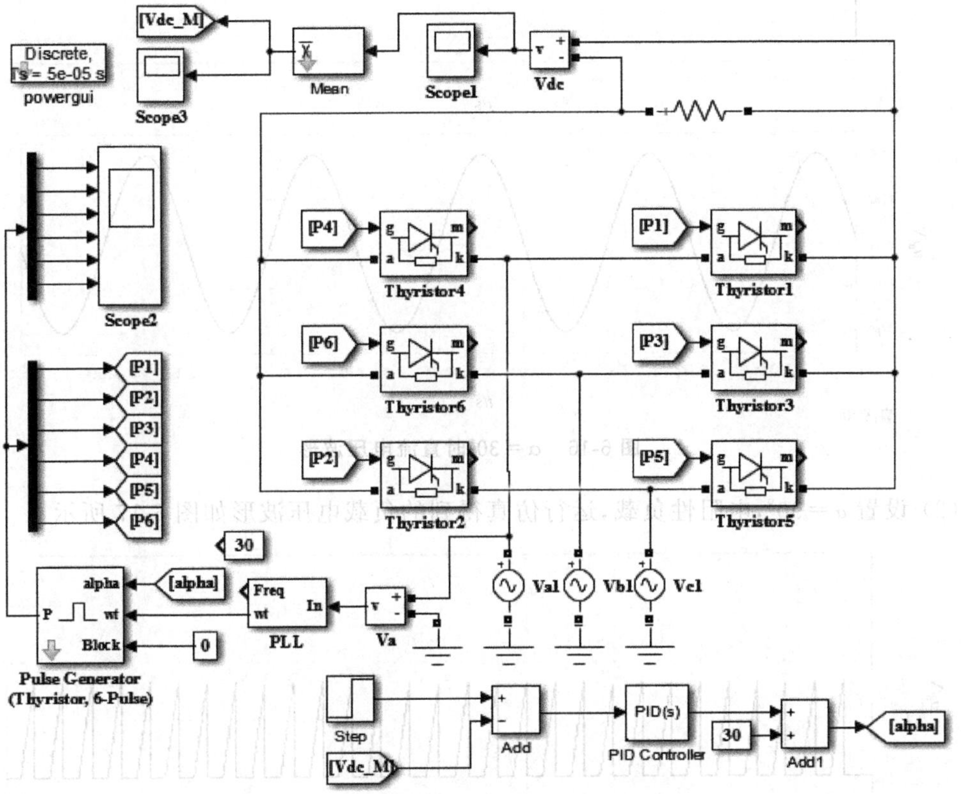

图 6-15 三相全控整流电路仿真模型

搭建模型时，需要注意以下关键点：①主电路中的 6 只晶闸管按桥式结构连接之后，要给出正确的编号，共阴极编号为 Thyristor1、Thyristor3、Thyristor5，共阳极编号为 Thyristor4、Thyristor6、Thyristor2；②整流电源为三相电源，A 相（u_a）电源接在 Thyristor1 和 Thyristor4 之间，B 相（u_b）电源接在 Thyristor3 和 Thyristor6 之间，C 相（u_c）电源接在 Thyristor2 和 Thyristor5 之间；③触发信号的同步功能通过 PLL 实现，PLL 的输入为 a 相电压（或线电压 u_{ab}），PLL 输出同步信号 ωt 接触发信号发生器，触发信号发生器产生 6 路触发脉冲 $P_1 \sim P_6$，将这 6 路触发脉冲引至对应的晶闸管门极（P_1 触发 Thyristor1，P_2 触发 Thyristor2，依此类推）。

6.3.3 仿真

1. 开环控制

(1) 设置 $\alpha=30°$，电阻性负载，运行仿真得到的负载电压波形如图 6-16 所示。

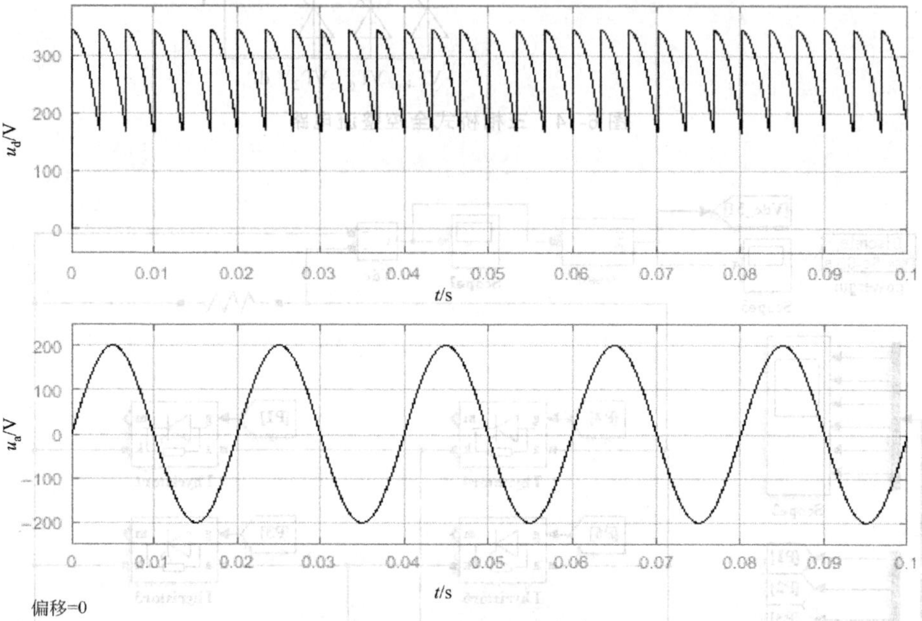

图 6-16 $\alpha=30°$时直流电压波形

(2) 设置 $\alpha=90°$，电阻性负载，运行仿真得到的负载电压波形如图 6-17 所示。

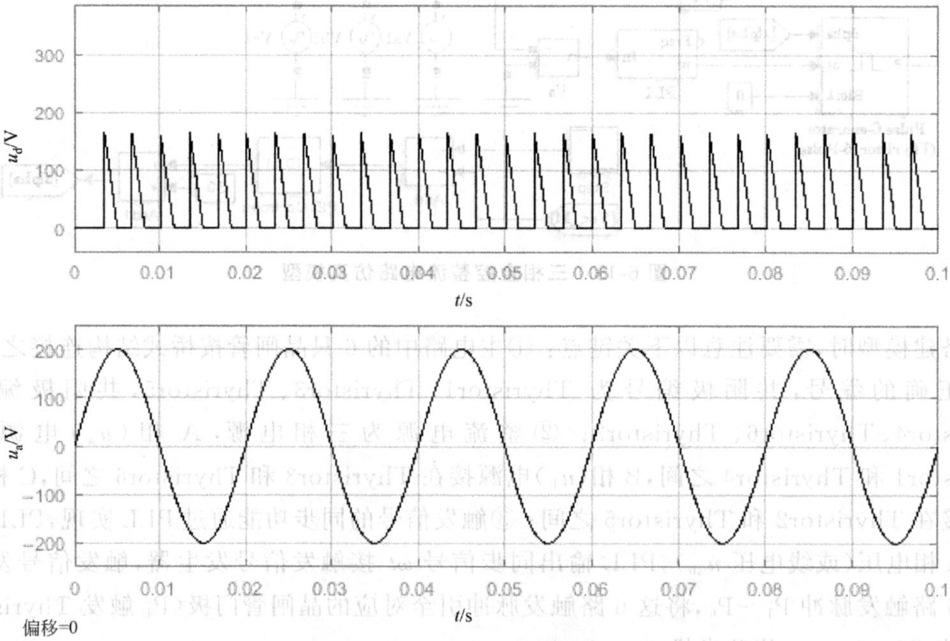

图 6-17 $\alpha=90°$时直流电压波形

(3) 当 $\alpha=90^\circ$时,第 1 路脉冲和线电压 u_{ac}的相位关系如图 6-18 所示。

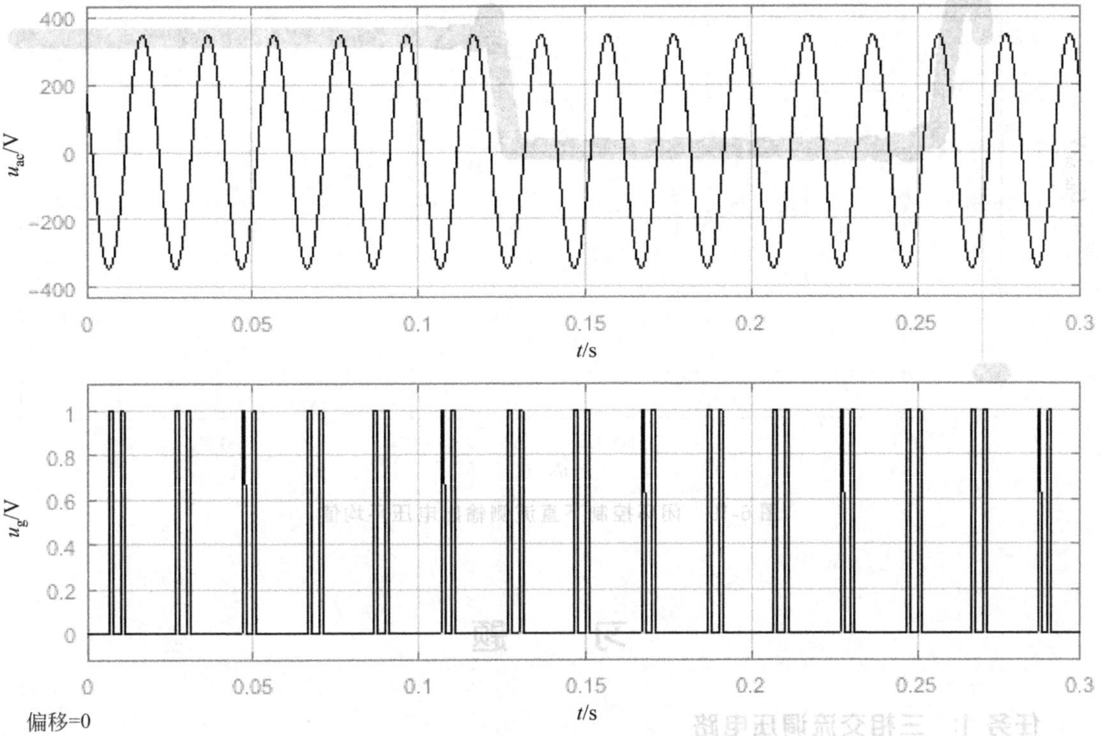

图 6-18　$\alpha=90^\circ$时触发脉冲和电源电压的相位关系

通过以上仿真波形可以得出仿真波形与理论波形一致,故可以确定离线仿真模型在开环控制下是正确的。在此基础上将控制器加入,可以进行闭环实训。

2. 闭环控制

闭环控制基本原理:为了实现整流电路直流侧电压的平均值 U_{dc_M} 等于给定值,以 U_{dc_M} 为反馈量,和给定值比较后的误差输入给 PI 调节器,PI 调节器输出控制量(增量),加上触发角 α 的初始值 $\alpha_0=30^\circ$ 得到闭环控制下的触发角并输入给触发控制器(Pulse Generator),如此就形成了闭环控制系统。

为检验闭环控制系统是否正确有效,给定值采用 Step 信号源。Step 初值设为 200,在 $t=0.5$s 时跳变为 300。仿真结果如图 6-19 所示。

在实训过程中,应注意定量分析,根据理论教学中有关计算公式,计算直流电压平均值和流过晶闸管电流的有效值,通过使用 Simulink 中的功能模块计算平均值和有效值,然后和理论计算进行对比分析。

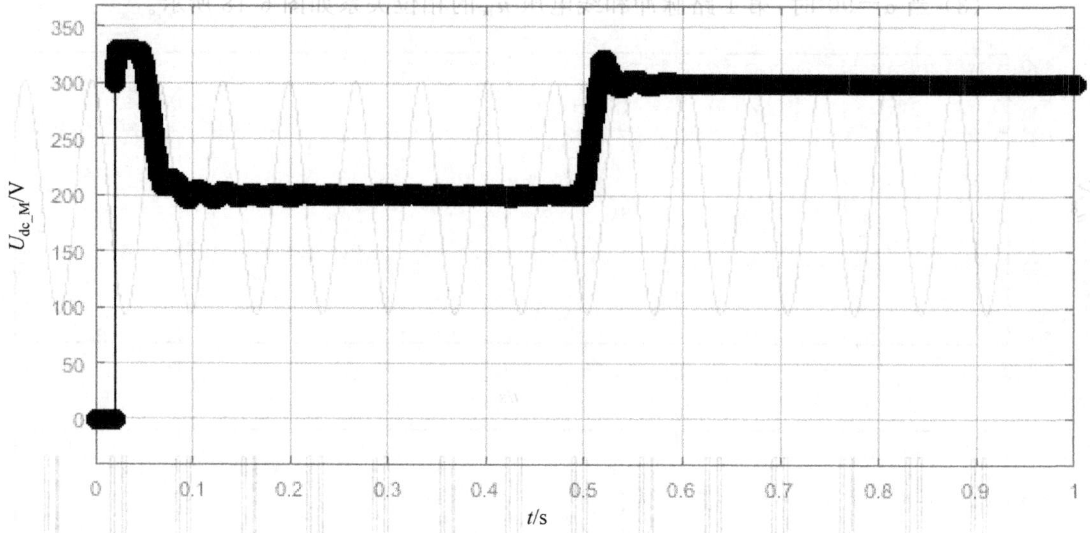

图 6-19 闭环控制下直流侧输出电压平均值

习 题

任务 1: 三相交流调压电路

三相交流调压电路原理如下。

由三相交流电源供电的电路,简称三相电路。三相交流电源指能够提供 3 个频率相同而相位不同的电压或电流的电源,最常用的是三相交流发电机。三相交流发电机的各相电压的相位互差 120°。交流调压电路输入的是交流电压,而输出电压波形是交流电源电压波形的一部分,并且是可调的,这样输出电压的有效值就成为可调的。

三相交流调压器的触发信号应与电源电压同步,其控制角是从各自的相电压过零点开始算起的。3 个正向晶闸管 VT_1、VT_3、VT_5 的触发信号应互差 120°,3 个反向晶闸管 VT_2、VT_4、VT_6 的触发信号也应互差 120°,同一相的两个触发信号应互差 180°。总的触发顺序是 VT_1、VT_2、VT_3、VT_4、VT_5、VT_6,其触发信号依次各差 60°。Y连接时三相中由于没有中线,所以在工作时若要负载电流流通,至少要有两相构成通路。为保证启动时两个晶闸管同时导通,以及在感性负载与控制角较大时仍能保证不同相的正反向两个晶闸管同时导通,要求采用大于 60°的宽脉冲或采用间隔为 60°双窄脉冲触发电路,其原理如图 6-20 所示。

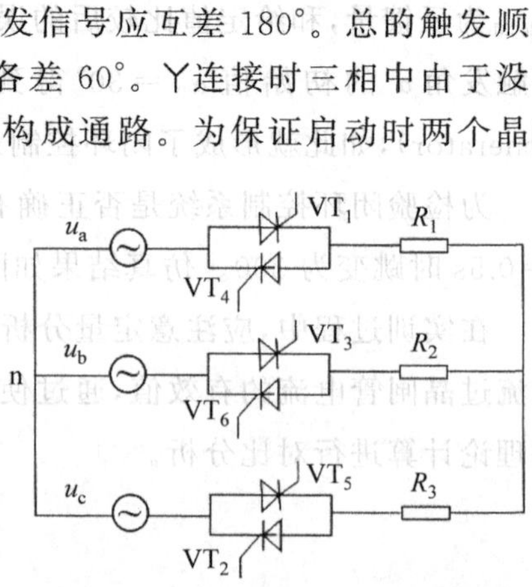

图 6-20 Y形三相三线交流调压原理

在图 6-20 中,由于没有中线,若要负载上流过电流,至少要有两相构成通路,即在三相电路中,至少要有一相正向晶闸管与另一相的反向晶闸管同时导通。为了保证在电路工作时能使两个晶闸管同时导通,要求采用大于 60°的宽脉冲或双窄脉冲的触发电路;为保证输出电压三相对称并有一定的调节范围，要求晶闸管的触发信号除了必须与相应的交流电源有一致的相序外，各触发信号之间还必须严格保持一定的相位关系。对图 6-20 所示的调压电路，要求 A、B、C 三相电路中正向晶闸管 VT_1、VT_3、VT_5 的触发信号相位互差 120°，反向晶闸管 VT_4、VT_6、VT_2 的触发信号相位也互差 120°，而同一相中反并联的两个正、反向晶闸管的触发脉冲相位应互差 180°，即各晶闸管触发脉冲的序列应按 VT_1、VT_2、VT_3、VT_4、VT_5、VT_6 的次序，相邻两个晶闸管的触发信号相位相差 60°。为使负载上能得到全电压，晶闸管应能全导通，因此应选用电源相应波形起始点作为控制角 $\alpha=0°$的时刻，该点作为触发角 α 的基准点。当 α 为其他角度时，会出现有时三相均有晶闸管导通，有时只有两相晶闸管导通。对于三相导通的情况，导通相负载上电压为各相电压。对于两相导通的情况，导通的两相每相负载上的电压为其线电压的一半，不导通相的负载电压为零。控制角 α 的基准点如图 6-21 所示。

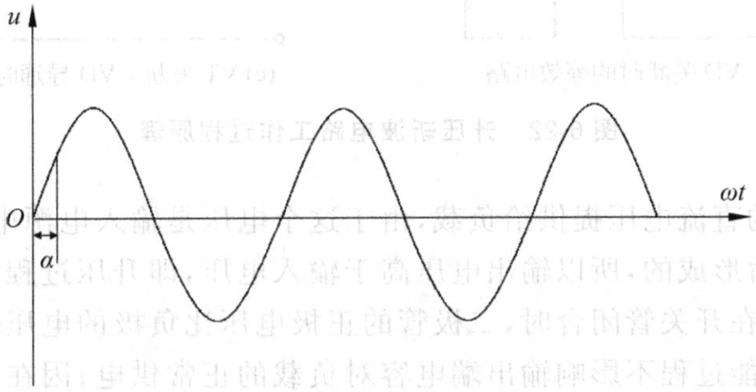

图 6-21 控制角 α 的基准点

根据上述原理，对Y形三相三线交流调压电路建模，并进行 $\alpha=30°$、60°、90°仿真。

任务 2: Boost 升压斩波电路

升压斩波电路原理如下。

(1) 升压斩波电路工作过程

Boost 电路即升压斩波电路(Boost Chopper)，如图 6-22(a)所示，电路中 VT 为一个全控型器件，且假设电路中电感 L 值很大，电容 C 值也很大。当 VT 处于通态时，如图 6-22(b)所示，电源 U_d 向电感 L 充电，电流 i_L 流过电感线圈 L，电能以感性的形式储存在电感线圈 L 中。此时二极管承受反压，处于截断状态。同时电容 C 放电，C 上的电压向负载 R 供电，R 上流过电流 i_o，R 两端为输出电压，极性为上正下负，且由于 C 值很大，故负载两端电压基本保持为恒值。当 VT 处于断态时，如图 6-22(c)所示，由于线圈 L 中的磁场将改变线圈 L 两端的电压极性，以保持 i_L 不变，这样 U_d 和 L 串联，以高于 U_d 电压向电容 C 充电、向负载 R 供电，$U_o=\frac{T}{t_{off}}U_d=\frac{1}{1-\alpha}U_d$。

(2) 升压斩波电路各元件作用

Boost 升压电路中，电感 L 主要是起到泵送能量的作用，作为将电能和磁场能相互转换的能量转换器件，当开关管闭合后，电感将电能转换为磁场能储存起来，当开关管断开后电感将储存的磁场能转换为电场能，且这个能量在和输入电源电压叠加后通过二极管和电容

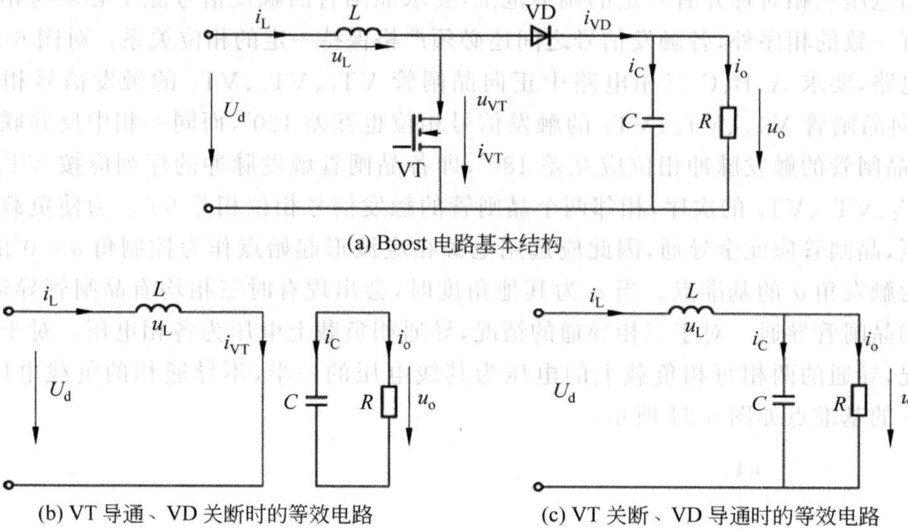

(a) Boost 电路基本结构

(b) VT 导通、VD 关断时的等效电路

(c) VT 关断、VD 导通时的等效电路

图 6-22　升压斩波电路工作过程原理

的滤波后得到平滑的直流电压提供给负载，由于这个电压是输入电源电压和电感的磁场能转换为电能的叠加后形成的，所以输出电压高于输入电压，即升压过程完成；肖特基二极管主要起隔离作用，即在开关管闭合时，二极管的正极电压比负极的电压低，此时二极管反向截止，使此电感的储能过程不影响输出端电容对负载的正常供电；因在开关管断开时，两种叠加后的能量通过二极管向负载供电，此时二极管正向导通，要求其正向压降越小越好，尽量使更多的能量供给到负载端。闭合开关会引起通过电感的电流增加；打开开关会促使电流通过二极管流向输出电容，电容储存来自电感的电流，多个开关周期以后输出电容的电压升高，结果输出电压高于输入电压。理论上大电容 C 可以使得输出电压 U_o 保持不变，但实际上 C 值不可能无穷大，同时其也会向负载放电，所以实际输出的电压会略低于公式 $U_o=\dfrac{T}{t_{off}}U_d=\dfrac{1}{1-\alpha}U_d$ 所得结果。升压斩波电路各元件作用如图 6-23 所示。

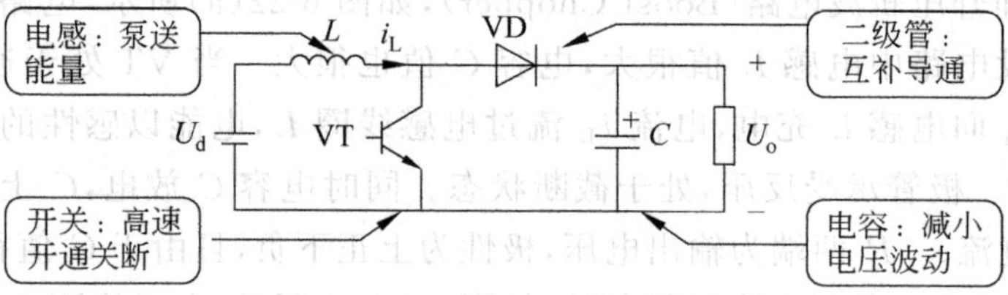

图 6-23　升压斩波电路各元件作用

(3) 电压闭环控制策略

在前面提到电容 C 假设为很大的值，但由于实际上 C 不可能无穷大，所以输出电压会在一定范围内波动，为使输出电压稳定在一个较为理想的范围，通过测量输出端的电压，与电压给定值相比较，得到误差，再经过 PI 调节器，送到 PWM 脉冲发生器的输入端，利用 PWM 的输出脉冲来控制功率管的导通和关断。当输出电压 U_o 大于给定值 U_{ref} 时，U_o-U_{ref} 增大，从而 PWM 脉冲的占空比 D 增大 α，由 $U_o=U_d/(1-\alpha)$ 可知，U_o 减小，从而控制

U_o 保持不变。控制流程框图如图 6-24 所示。

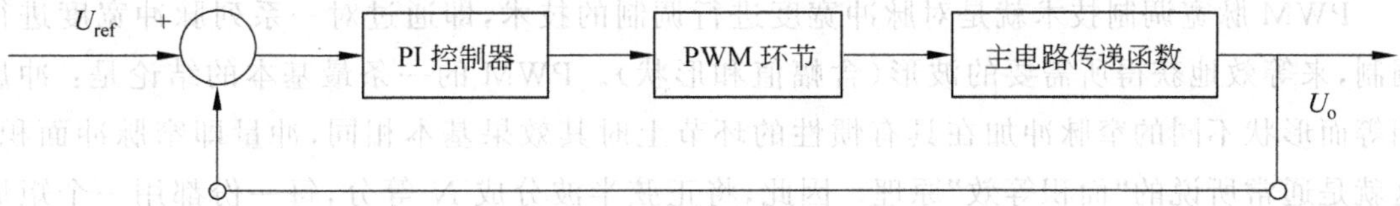

图 6-24 控制流程框图

根据上述原理，对升压斩波电路建模并进行仿真。

任务 3: 逆变电路

工作原理如下。

(1) 电压型三相逆变器的工作原理

电压型三相逆变器的主电路如图 6-25 所示，图中 $VT_1 \sim VT_6$ 是逆变器的 6 个功率开关器件，各与一个续流二极管反向并联，整个逆变器由恒值直流电压 E_d 供电，但为了分析方便，此处等效为串联的两个直流电源 $U_d/2$ 并标出假想中点 n′。其基本工作方式是 180°导电方式，即每个桥臂导电角度为 180°，同一半桥上下两个桥臂交替导电，各相开始导电角度依次相差 120°。对于 a 相输出来说，当桥臂 1 导通时，$u_{an'}=U_d/2$，当桥臂 4 导通时，$u_{an'}=-U_d/2$。所以，$u_{an'}$、$u_{bn'}$、$u_{cn'}$ 的波形都只有 $\pm U_d/2$ 两种电平。线电压 u_{ab} 的波形可由 $u_{an'}-u_{bn'}$ 得出。当桥臂 1 和 6 导通时，$u_{ab}=U_d$，当桥臂 3 和 4 导通时，$u_{ab}=-U_d$，当桥臂 1 和 3 或桥臂 4 和 6 导通时，$u_{ab}=0$。因此逆变器输出线电压波形由 $\pm U_d$ 和 0 这 3 种电平构成。b、c 两相的情况与 a 类似，$u_{bn'}$ 和 $u_{cn'}$ 波形形状与 $u_{an'}$ 波形相同，只是相位依次相差 120°。$u_{nn'}$ 的波形和 $u_{an'}$ 一样，也是矩形波，只是频率是其 3 倍，幅值为其 1/3，即 $U_d/6$。

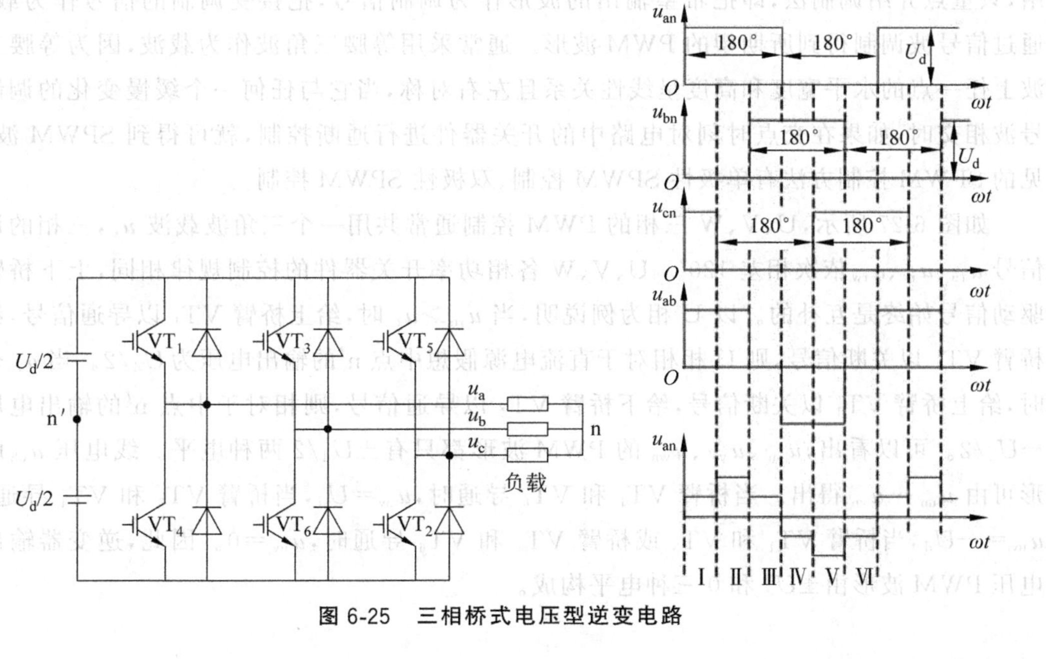

图 6-25 三相桥式电压型逆变电路

(2) PWM 调制技术的基本原理简介

PWM 脉宽调制技术就是对脉冲宽度进行调制的技术，即通过对一系列脉冲宽度进行调制，来等效地获得所需要的波形(含幅值和形状)。PWM 的一条最基本的结论是：冲量相等而形状不同的窄脉冲加在具有惯性的环节上时其效果基本相同，冲量即窄脉冲面积，这就是通常所说的“面积等效”原理。因此，将正弦半波分成 N 等分，每一份都用一个矩形脉冲按面积原理等效，令这些矩形脉冲的幅值相等，则其脉冲宽度将按正弦规律变化，这种脉冲宽度按正弦规律变化而和正弦波等效的 PWM 波形叫作 SPWM。示意图如图 6-26 所示。

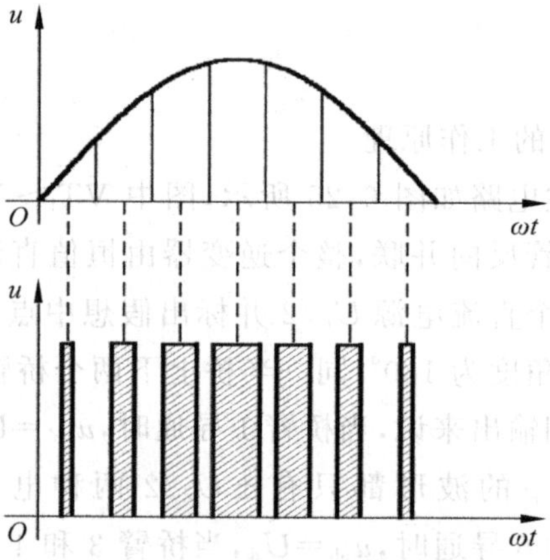

图 6-26　用 PWM 波代替正弦波

SPWM 波的产生方法有计算法和调制法，计算法很烦琐，不易实现，所以在这里不作介绍，只重点介绍调制法，即把希望输出的波形作为调制信号，把接受调制的信号作为载波，通过信号波调制得到所期望的 PWM 波形。通常采用等腰三角波作为载波，因为等腰三角波上任一点的水平宽度和高度呈线性关系且左右对称，当它与任何一个缓慢变化的调制信号波相交时，如果在交点时刻对电路中的开关器件进行通断控制，就可得到 SPWM 波，常见的 SPWM 控制方法有单极性 SPWM 控制、双极性 SPWM 控制。

如图 6-27 所示，U、V、W 三相的 PWM 控制通常共用一个三角波载波 u_c，三相的调制信号 u_{ru}、u_{rv}、u_{rw} 依次相差 120°。U、V、W 各相功率开关器件的控制规律相同，上下桥臂的驱动信号始终是互补的。以 U 相为例说明，当 $u_{ru}>u_c$ 时，给上桥臂 VT_1 以导通信号，给下桥臂 VT_4 以关断信号，则 U 相相对于直流电源假想中点 n′的输出电压为 $U_d/2$。当 $u_{ru}<u_c$ 时，给上桥臂 VT_1 以关断信号，给下桥臂 VT_2 以导通信号，则相对于中点 n′的输出电压为 $-U_d/2$。可以看出，$u_{un'}$、$u_{vn'}$、$u_{wn'}$ 的 PWM 波形都只有 $\pm U_d/2$ 两种电平。线电压 u_{ub} 的波形可由 $u_{un'}-u_{vn'}$ 得出。当桥臂 VT_1 和 VT_6 导通时，$u_{uv}=U_d$，当桥臂 VT_3 和 VT_4 导通时，$u_{uv}=-U_d$，当桥臂 VT_1 和 VT_3 或桥臂 VT_4 和 VT_6 导通时，$u_{uv}=0$。因此，逆变器输出线电压 PWM 波形由 $\pm U_d$ 和 0 三种电平构成。

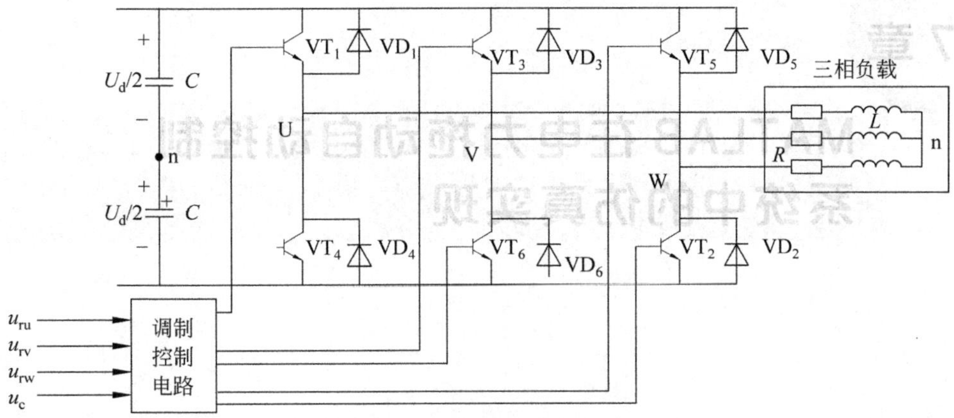

图 6-27　三相 PWM 逆变电路

(3) 电压闭环控制策略。

常见的逆变器有开环和闭环两种控制方式，开环控制的逆变器具有电路结构和控制简单的优点，但是其输出电压非常不稳定。而闭环控制正好可以克服开环电压输出不稳定的缺点。闭环控制的三相桥式电压型逆变系统框图如图 6-28 所示，它的主要功能是采用 SPWM 控制方式将直流电压变换成交流电压，通过实时检测三相输出电压，然后通过信号的处理再与基准电压进行比较，通过 PI 调节产生 SPWM 波，实时地调节逆变器输出电压的幅值，以满足实际要求。

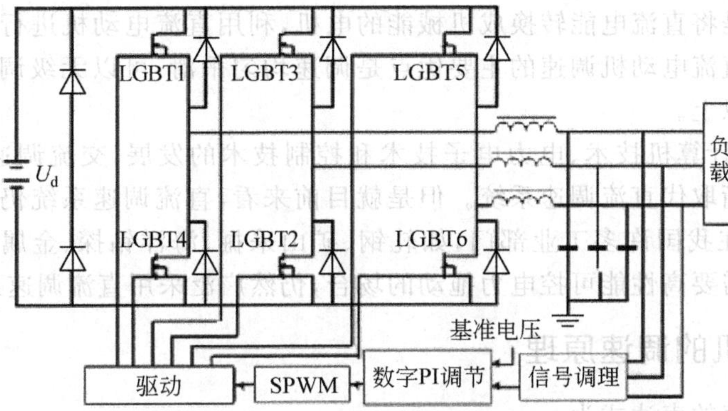

图 6-28　三相桥式电压型逆变系统

控制系统包括两个部分：一是电压调节部分，对实时采集过来的电压进行降维、比较、PI 调节等数学处理和计算；二是 SPWM 波产生部分，将前面数字 PI 输出的信号进行还原，再与三角载波进行比较，生成 SPWM 波对开关管进行控制最终调节输出电压。

根据上述原理，对三相桥式电压型逆变系统建模并进行仿真。

第 7 章 MATLAB 在电力拖动自动控制系统中的仿真实现

“电力拖动自动控制系统”是一门专业性很强的课程，综合了电路、电力电子技术、电机拖动和自动控制原理等多门学科的知识，主要包括直流电动机和交流电动机的调速系统，运用控制技术进行转速反馈控制和转速、电流反馈控制等系统的设计分析，在 MATLAB 中主要运用 Simulink 模型库中的电路、电子、电机、电力电子等模块库，创建直流和交流调速系统电路模型，直观地观察不同控制方式对系统的控制。

7.1 直流调速系统

直流电动机是将直流电能转换成机械能的电机，利用直流电动机进行调速是电气调速中的主要方式。直流电动机调速的主要优点是调速均匀平滑，可以无级调速；调速范围大，调速比可达 200 以上。

近年来，随着计算机技术、电力电子技术和控制技术的发展，交流调速系统发展很快，在许多场合正逐渐取代直流调速系统。但是就目前来看，直流调速系统仍然是自动调速系统的主要形式。在我国许多工业部门，如轧钢、矿山采掘、海洋钻探、金属加工、纺织、造纸以及高层建筑等需要高性能可控电力拖动的场合，仍然广泛采用直流调速系统。

7.1.1 直流电机的调速原理

直流电机转速的表达式为

$$n=\frac{U-IR}{C_e\Phi} \tag{7-1}$$

式中：U 为电枢端电压；I 为电枢电流；R 为电枢电路总电阻；Φ 为每极磁通量；C_e 为与电机结构有关的常数。

由式(7-1)可知，直流电机转速的控制方法有以下 3 种。

(1) 调节电枢电压 U。改变电枢电压从而改变转速，属恒转矩调速方法，动态响应快，适用于要求大范围无级平滑调速的系统。

(2) 改变电机主磁通量 Φ。在此只能减弱磁通量，使电动机从额定转速向上变速，属恒功率调速方法，动态响应较慢，虽能无级平滑调速，但调速范围小。

(3) 改变电枢电路电阻 R。在电动机电枢外串电阻进行调速，只能有极调速，平滑性差、机械特性软、效率低。

改变电枢电路电阻的方法缺点很多，目前很少采用。弱磁调速范围不大，往往与调压调速配合使用。因此，电气调速系统以调压调速为主。

7.1.2 晶闸管开环直流调速系统的建模与仿真

开环直流调速系统适用于调速精度和调速范围要求低的场合，在讨论晶闸管单闭环直流调速系统之前先讨论开环直流调速系统。图 7-1 所示为开环直流调速系统的电气原理结构，由图可知，开环直流调速系统的主电路主要由三相对称交流电压源、晶闸管整流桥、平波电抗器、直流电动机等部分组成。

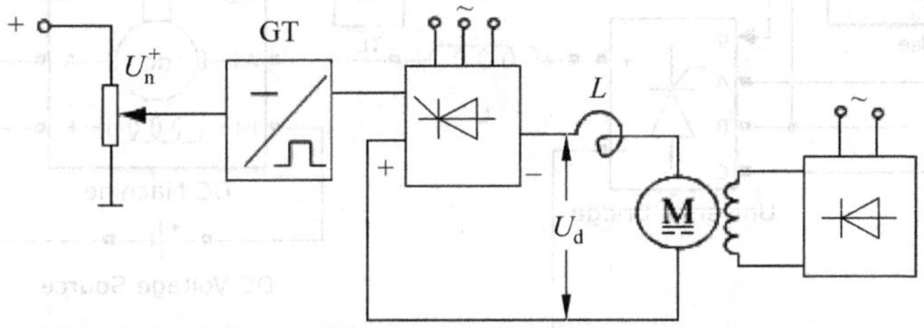

图 7-1 开环直流调速系统电气原理结构

1. 开环系统的建模与仿真

(1) 主电路的建模和参数设置

打开 MATLAB 软件，在工具栏上单击 Simulink，新建一个 Simulink 文件，按照开环系统的构成，打开 Simulink Library Browser，从模块库中提取电路元器件模块，如图 7-2 所示。

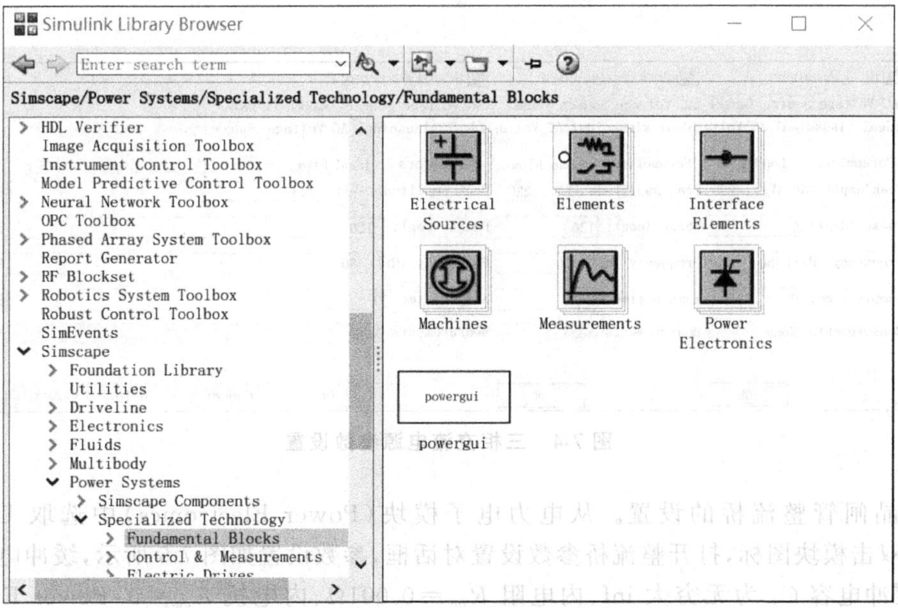

图 7-2 Simscape→Power Systems 模块库

在模型库中提取所需的模块放到仿真窗口，设置各模块参数，绘制电路的仿真模型如图 7-3 所示。晶闸管开环直流调速系统由主电路(交流电源、晶闸管整流桥、平波电抗器、直流电动机、触发电路)和控制电路(给定环节)组成，具体设置如下。

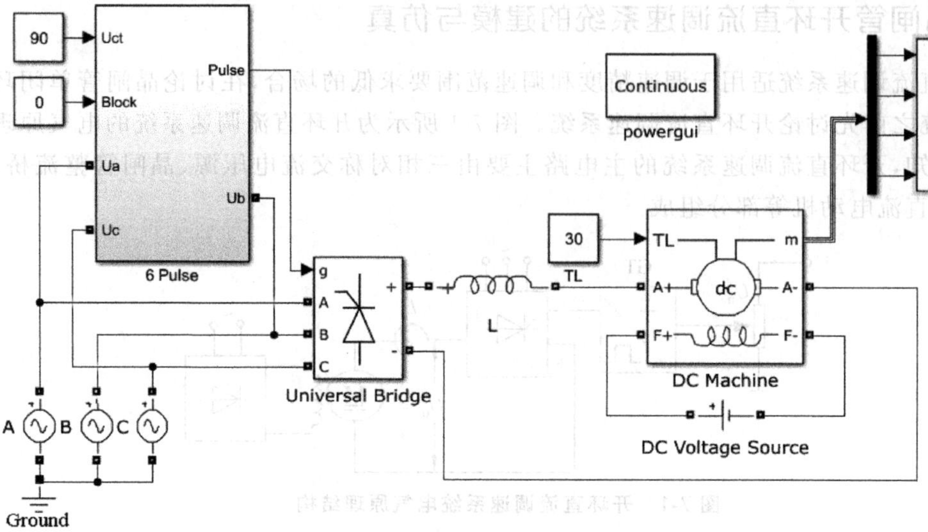

图 7-3　开环直流调速系统的仿真模型

① 三相交流电源的设置。首先从电源模块(Electrical Sources)中选取一个交流电压源模块 AC Voltage Source，再用同样的方法得到三相电源的另两个电压源模块，参数设置如图 7-4 所示，三相对称交流电压源峰值电压取 220V、初相位 0°，频率 50Hz，其他为默认值，B、C 相与 A 相基本相同，只是初相位设置成互差 120°，由此可得到三相交流电源。然后从 Simscape→Power Systems 模块库找到 Elements，选取 Ground 元件，按图 7-3 所示进行连接。

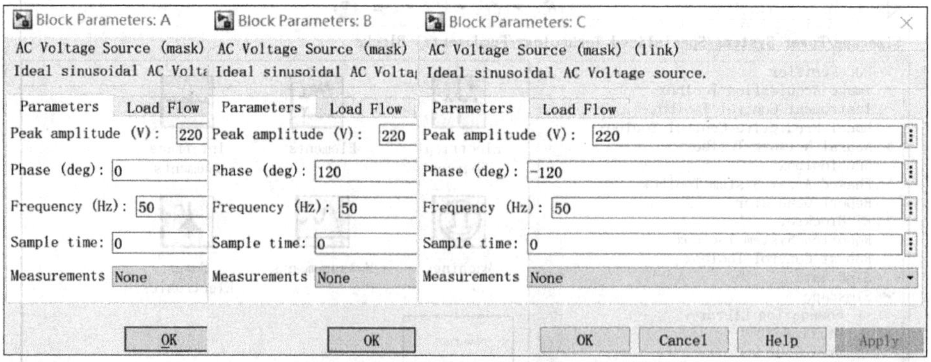

图 7-4　三相交流电源参数设置

② 晶闸管整流桥的设置。从电力电子模块(Power Electronics)中选取 Universal Bridge，双击模块图标，打开整流桥参数设置对话框，参数设置如图 7-5 所示，缓冲电阻 R_s = 500Ω、缓冲电容 C_s 为无穷大 inf、内电阻 R_{on} = 0.001Ω、内电抗 L_{on} = 0，Power Electronic device 选择 Thyristors，桥臂数选择 3。若仿真结果不理想，则通过仿真试验可不断进行参

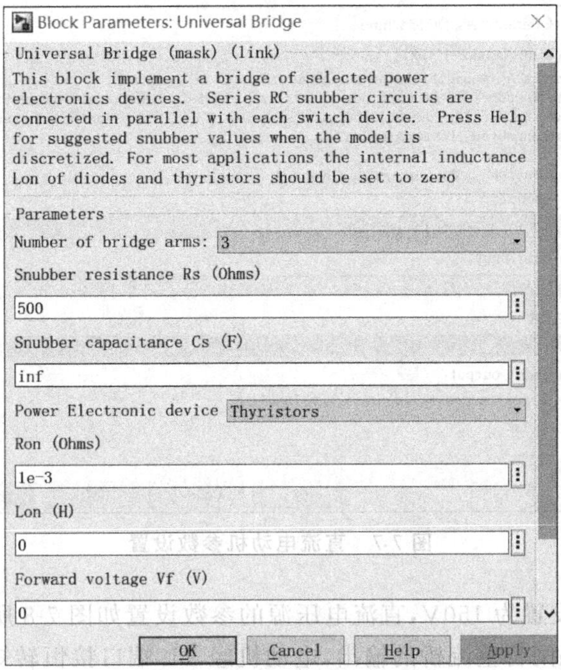

图 7-5 晶闸管整流桥参数设置

数优化。

③ 平波电抗器的设置。从 Elements 模块中找到 Series RLC Branch，打开平波电抗器参数设置对话框，具体设置如图 7-6 所示，阻抗 $R=0\ \Omega$、电感 $L=5\text{mH}$，电容 C 为无穷大 inf，平波电抗器的电感值是通过仿真试验比较后得到的优化参数。

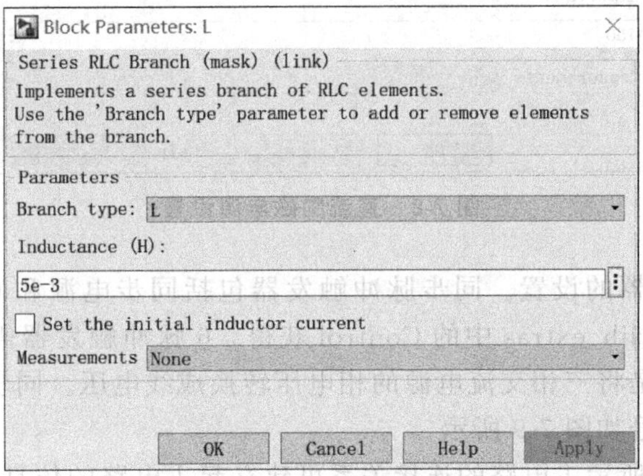

图 7-6 平波电抗器参数设置

④ 直流电动机的设置。从电机系统(Machines)模块中选取 DC Machine，直流电动机的励磁绕组 F+～F−接直流恒定励磁电源，励磁电源可从电源模块组中选取直流电压源模块。双击直流电动机图标，打开直流电动机的参数设置对话框，直流电动机参数设置如图 7-7 所示，选择预置模型 02：5HP，240V，1750RPM，Field：150V。

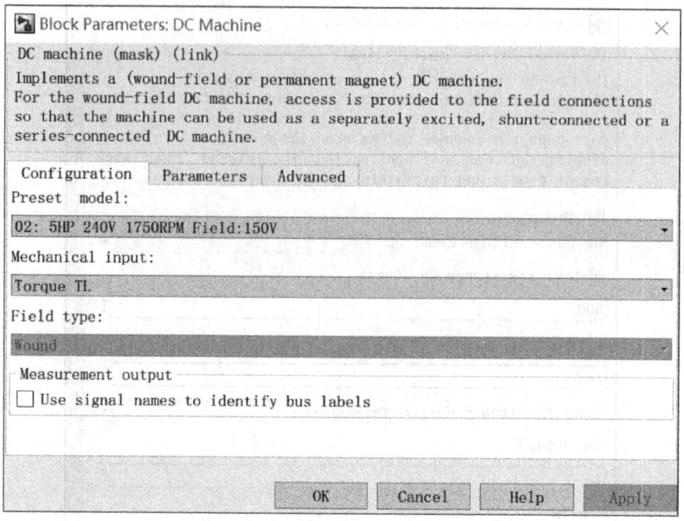

图 7-7　直流电动机参数设置

将励磁电压参数设置为 150V，直流电压源的参数设置如图 7-8 所示。电枢绕组 A+～A－经平波电抗器接晶闸管整流桥的输出，电动机经 TL 端口接恒转矩负载 $T_L=100\text{N}\cdot\text{m}$，直流电动机的输出参数有转速、电流、励磁电流、电磁转矩，通过“示波器”模块观察仿真输出图形。

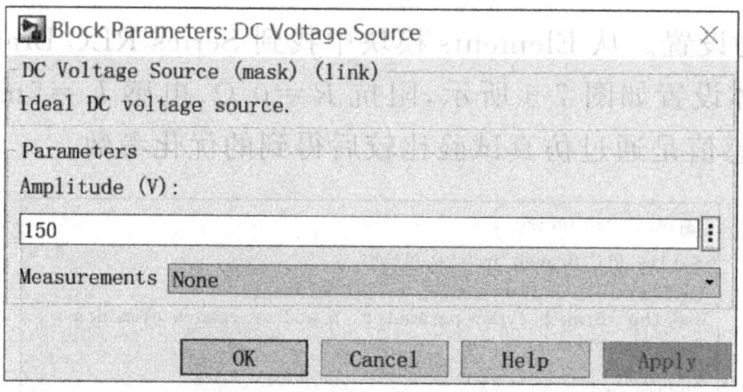

图 7-8　直流励磁电源设置

⑤ 同步脉冲触发器的设置。同步脉冲触发器包括同步电源和 6 脉冲触发器两部分。6 脉冲触发器从 powerlib_extras 中的 Control 获得。6 脉冲触发器需用三相线电压同步，所以同步电源的任务是将三相交流电源的相电压转换成线电压。同步电源与 6 脉冲触发器及封装后的子系统符号如图 7-9 所示。

至此，根据图 7-1 所示主电路的连接关系可建立起主电路的仿真模型，如图 7-3 的前半部分所示，图中触发器开关信号 Block 为 0 时，触发器触发为 1 时，触发器封锁。

双击 6 脉冲同步触发器模块，打开参数设置对话框，对参数进行设置。如图 7-10 所示，频率设置成 50Hz，双窄脉冲，脉冲宽度为 10。

(2) 控制电路的模型建立和参数设置

晶闸管直流调速系统的控制电路只有一个给定环节，它可以从 Simulink 中的输入源模块组 Sources 中选取 Constant 模块，然后双击该模块图标，打开参数设置对话框，将参数设

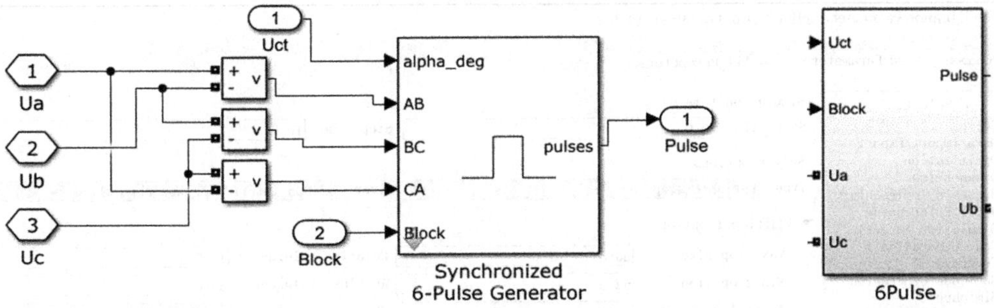

(a) (b)

图 7-9 同步电源与 6 脉冲触发器及封装后的子系统模块

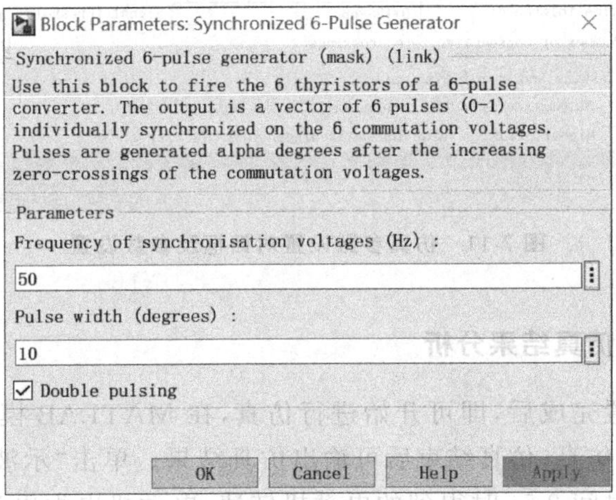

图 7-10 6 脉冲触发器参数设置

置为 90。实际调速时,给定信号是在一定范围内变化的,可通过仿真实践确定给定信号允许的变化范围。

将电路元器件模块按晶闸管开环直流调速系统原理图连接起来组成仿真电路,如图 7-3 所示,并用示波器观察三相交流电压源、触发脉冲信号、晶闸管整流桥的输出整流电压以及整流电压的平均值、直流电动机的转速 n、电枢电流 I_a、励磁电流 I_f、电磁转矩 T_e 等参数。

2. 系统的仿真参数设置

在 MATLAB 的模型窗口打开 Simulation 菜单,选择 Model Configuration Parameters 命令后,弹出仿真参数设置对话框,仿真中选择的变步长算法为 ode23s(stiff/Mod. Rosenbrock),如图 7-11 所示。由于实际系统的多样性,不同的系统需要采用不同的仿真算法,到底采用哪一种算法,可通过仿真实践进行比较选择。仿真参数中,Start time 一般设置为 0,Stop time 根据实际需要而定,在此设定为 10s。

用示波器观察仿真模型时,要将限制数据点的持续时间值设定大些;否则输出的图形会不完整。

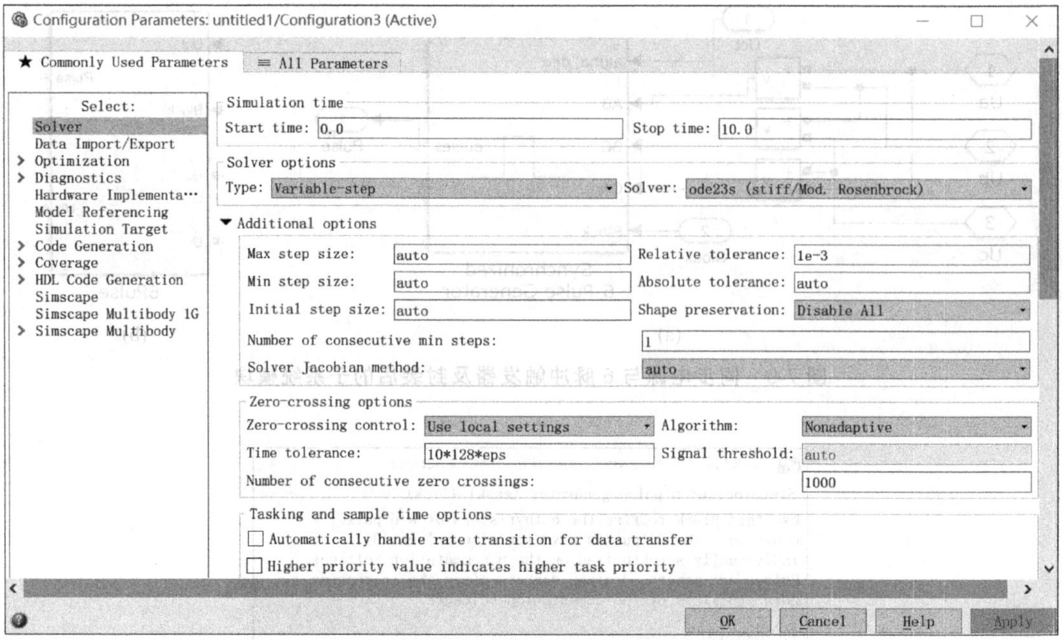

图 7-11　仿真参数设置对话框及参数设置

3. 系统的仿真及仿真结果分析

当建模和参数设置完成后，即可开始进行仿真，在 MATLAB 模型窗口单击工具栏的 Run 按钮后，系统开始仿真，仿真结束后可输出仿真结果。单击“示波器(Scope)”观察仿真输出图形。观察仿真时间 2.5s 时得到的电动机转速、电动机电枢电流、电磁转矩及励磁电流曲线，如图 7-12 所示。

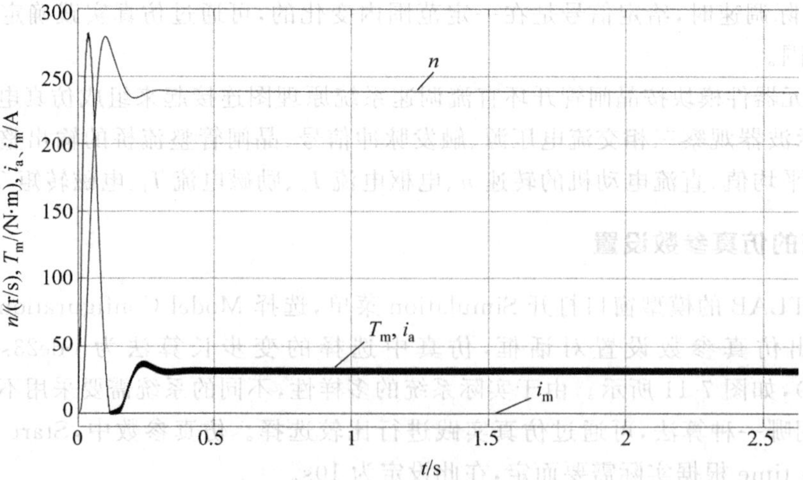

图 7-12　Scope 输出波形

4. 小结

开环系统建模时，将分别针对主电路和控制电路进行建模。在进行参数设置时，晶闸管整流桥、平波电抗器、直流电动机等装置一般保持默认值进行仿真，若仿真结果理想，即可默认这些设置值，若仿真结果不理想，则可不断进行参数优化，最后确定其参数。

给定信号的变化范围、调节器的参数和反馈检测环节的反馈系数等可调参数的设置，其确定方法为先通过仿真试验，之后不断进行参数优化，具体方法是分别设置这些参数的较大值和较小值，分析它们对系统性能的影响趋势，再逐步进行参数优化。

仿真时间根据实际需要确定，以能够仿真出完整的波形为前提。

由于实际系统的多样性，没有一种仿真算法是万能的，不同的系统需要不同的仿真算法，到底采用哪一种算法更好，这需要仿真实践后，根据仿真能否进行、仿真的速度及仿真的精度等方面比较后进行选择。

系统仿真前应先进行开环系统的调试，找出控制电压的变化范围。

7.1.3 晶闸管单闭环直流调速系统仿真

为了提高直流调速系统的性能，通常采用闭环控制系统（单闭环、双闭环和多闭环）。对于速度调节要求不高的场合，采用单闭环系统就能符合一般的设计要求。

按反馈的方式不同，可分为转速反馈、电压反馈、电流反馈等。这里主要讲述以转速反馈设计的直流调速系统。

1. 单闭环有静差转速负反馈系统的建模与仿真

对于调速系统来说，输出量是转速，通常引入转速负反馈构成闭环调速系统。在电动机轴上安装一台测速电动机 TG，引出与输出量转速成正比的负反馈电压 U_{n}，与转速给定电压 U_{n}^{*} 进行比较，得到偏差电压 ΔU_{n}，经过放大器 A，产生驱动或触发装置的控制电压 U_{ct}，去控制电动机的转速。为了平稳负载电流的脉动，通常在电枢回路串联一个平波电抗器，以保证整流电路在较大范围内连续，这就组成了反馈控制的闭环调速系统。图 7-13 所示为采用晶闸管相控整流器供电的闭环有静差转速负反馈调速系统电气原理图，因为只有一个转速反馈环，所以称为单闭环调速系统。由图可见，该系统由电压比较环节、放大器、晶闸管整流器与触发装置、直流电动机和测速发电机等部分组成，该系统与开环直流调速系统相比，二者的主电路基本相同，系统的差别主要在控制电路上。

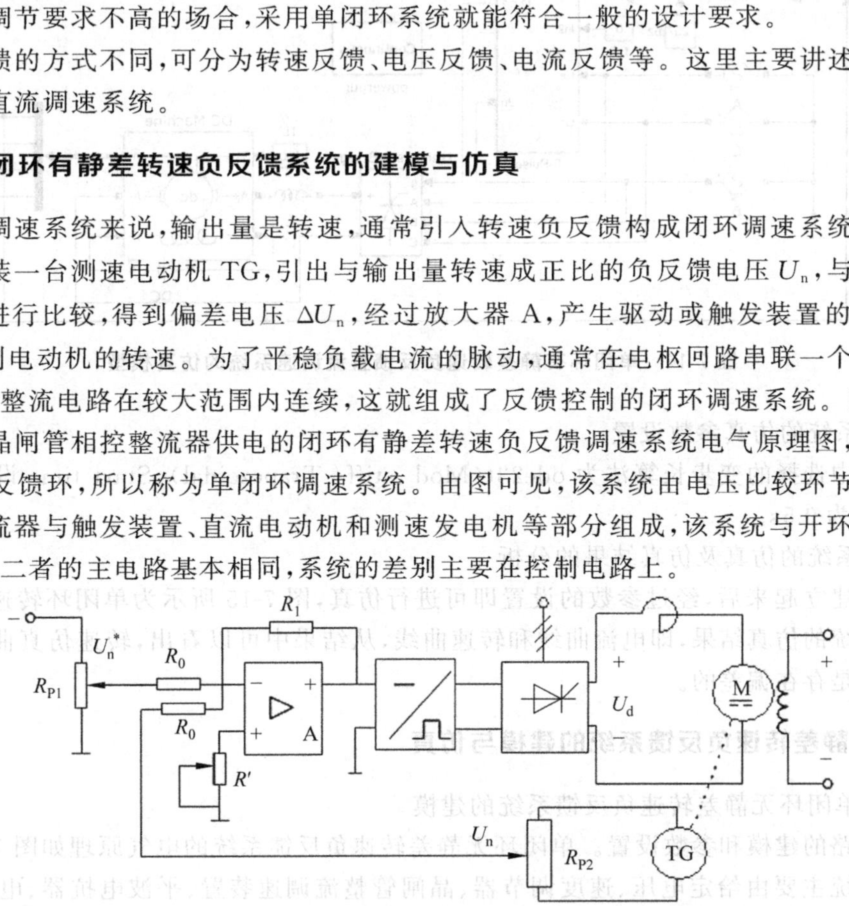

图 7-13 采用转速负反馈的单闭环调速系统电气原理

（1）单闭环有静差转速负反馈系统的建模

① 主电路的建模和参数设置。图 7-14 所示为单闭环有静差转速负反馈直流调速系统的仿真模型，主电路与开环调速系统相同。

② 控制电路的模型建立和参数设置。单闭环有静差转速负反馈直流调速系统的控制电路由给定信号、速度调节器、速度反馈等环节组成。仿真模型中根据需要，另增加了限幅器、偏置、反相器等模块，这些模块的建模与参数设置比较简单，在 Simulink 模块库中找到 Commonly Used Blocks 及 Sources，即可找到相应的模块。比例放大环节传递函数在 Simulink 工具箱中的 Math Operations→Gain 模块。

③ 给定信号模块的建模和参数设置方法同开环调速系统，设为 150r/s，它可在 0～170r/s 范围内连续可调。有静差调速系统的调节器采用比例调节器，此处选 10。U_{ct} 的工作范围是 110～170V，此时同步触发脉冲可以正常工作，限幅器的上、下限值设为[97,0]，用加法器加上偏置后调整为[－110，－270]，再经反相器转换为[110,270]。

将主电路和控制电路的仿真模型按照单闭环转速负反馈直流调速系统电气原理图连接起来即可得到图 7-14 所示的系统仿真模型。

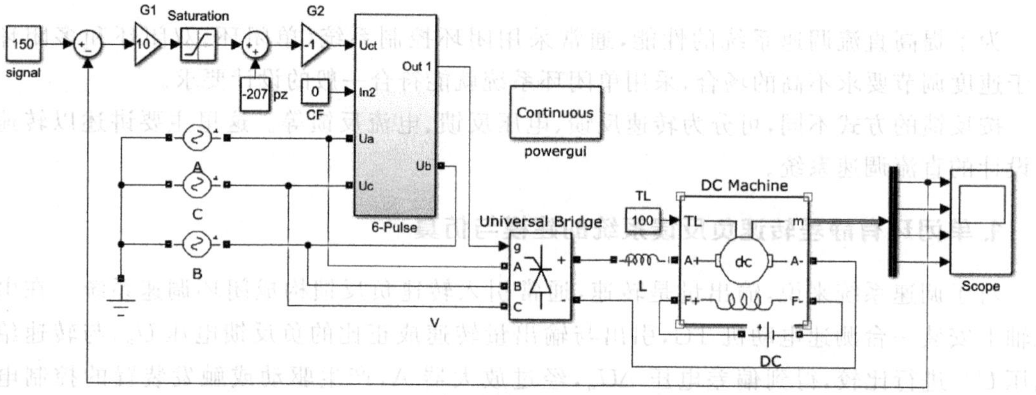

图 7-14　单闭环有静差转速负反馈直流调速系统的仿真模型

（2）系统的仿真参数设置

仿真中选择的变步长算法为 ode23t(Mod .stiff/.Trapezoidal)，Start time 设为 0，Stop time 设定为 0.5s。

（3）系统的仿真及仿真结果的分析

模型建立起来后，经过参数的设置即可进行仿真，图 7-15 所示为单闭环转速负反馈直流调速系统的仿真结果，即电流曲线和转速曲线，从结果中可以看出，转速仿真曲线与给定信号之间是存在偏差的。

2. 无静差转速负反馈系统的建模与仿真

（1）单闭环无静差转速负反馈系统的建模

主电路的建模和参数设置。单闭环无静差转速负反馈系统的电气原理如图 7-16 所示。

本系统主要由给定电压、速度调节器、晶闸管整流调速装置、平波电抗器、电动机-发电机和测速反馈组成。图 7-17 中将反映转速变化的电压信号作为反馈信号，与给定的电压相

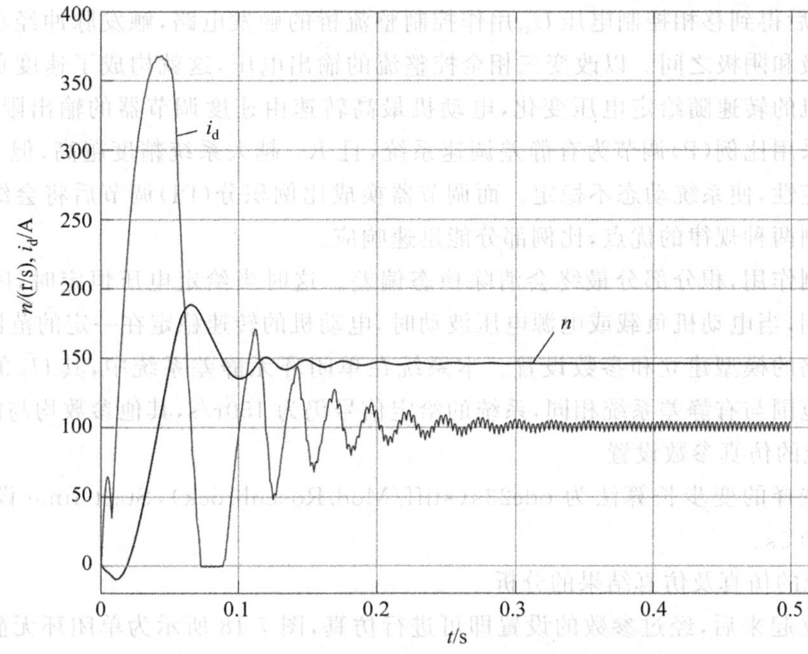

图 7-15　单闭环有静差转速负反馈直流调速系统仿真结果

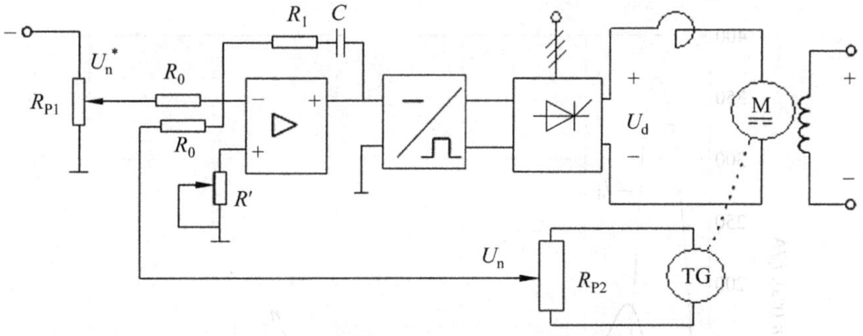

图 7-16　采用无静差转速负反馈的单闭环调速系统电气原理

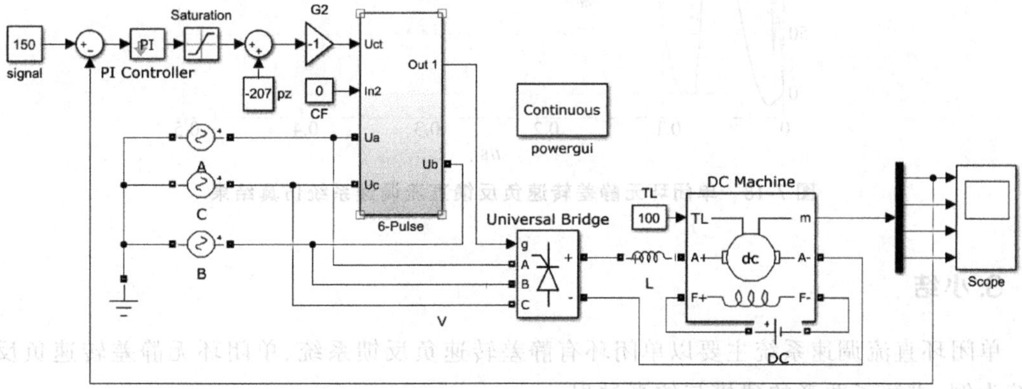

图 7-17　单闭环无静差转速负反馈直流调速系统的仿真模型

比较，经放大后得到移相控制电压 U_{ct} 用作控制整流桥的触发电路，触发脉冲经功放后加到晶闸管的门极和阴极之间。以改变三相全控整流的输出电压，这就构成了速度负反馈闭环控制。电动机的转速随给定电压变化，电动机最高转速由速度调节器的输出限幅所决定，速度调节器采用比例(P)调节为有静差调速系统，且 K_P 越大系统精度越高，但 K_P 过大将降低系统稳定性，使系统动态不稳定。而调节器换成比例积分(PI)调节后将会综合比例控制和积分控制两种规律的优点，比例部分能迅速响应。

由于控制作用，积分部分最终会消除稳态偏差。这时当给定电压恒定时，闭环系统起到了抑制作用，当电动机负载或电源电压波动时，电动机的转速稳定在一定的范围内。

控制电路的模型建立和参数设置。本系统在单闭环无静差系统中，其 U_{ct} 的变化范围及限幅器的范围与有静差系统相同，系统的给定信号仍为 150r/s，其他参数均与前述相同。

(2) 系统的仿真参数设置

仿真中选择的变步长算法为 ode23s(stiff/Mod.Rosenbrock)，Start time 设为 0，Stop time 设定为 0.5s。

(3) 系统的仿真及仿真结果的分析

模型建立起来后，经过参数的设置即可进行仿真，图 7-18 所示为单闭环无静差转速负反馈直流调速系统的仿真结果，即电流曲线和转速曲线，从结果中可以看出，转速调节器采用 PI 调节器后，转速仿真曲线与给定信号之间是无偏差的。

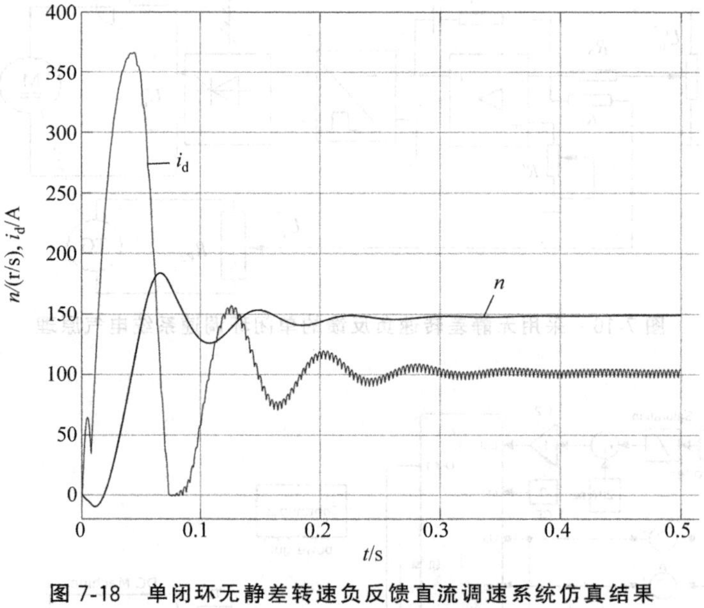

图 7-18　单闭环无静差转速负反馈直流调速系统仿真结果

3. 小结

单闭环直流调速系统主要以单闭环有静差转速负反馈系统、单闭环无静差转速负反馈系统为例，讲解了两者的建模与仿真过程。

转速负反馈有静差系统的机械特性较开环系统硬得多，负载扰动引起的稳态速降减小为原开环系统的 $1/(1+K)$，且 K 值越大稳态速降越小。在对静差率和调速范围要求不高的情况下，可采用开环调速系统，在对静差率和调速范围要求较高且开环系统满足不了要求时，可采用转速负反馈的闭环调速系统，在调速要求不太高，为省去安装测速发电机的麻烦，还可采用电压负反馈的调速系统。

仿真过程中的参数设置大致和开环调速系统相同，所不同的是加入了转速调节器ASR，仿真中采用的是PI调节器，PI调节器的参数设置应先进行计算，之后在仿真过程中进行优化。

7.1.4 转速电流双闭环直流调速系统的建模与仿真

1. 转速电流双闭环调速系统的建模

晶闸管多环直流调速系统与开环、单闭环直流调速系统的主电路相同，区别主要在控制电路上，多环直流调速系统的控制电路比前两者复杂。该系统中设置了电流检测环节、电流调节器以及转速检测环节、转速调节器，构成了电流环和转速环，前者通过电流反馈作用稳定电流，后者通过转速反馈作用保持转速稳定，最终消除转速偏差，从而使系统达到调节电流和转速的目的。该系统起动时，转速外环饱和不起作用，电流内环起主要作用，使起动电流保持最大值，转速线性变化，迅速达到给定值；稳态运行时，转速负反馈外环起主要作用，使转速随转速给定电压的变化而变化，电流内环跟随转速外环调节电机的电枢电流以平衡负载电流。转速电流双闭环直流调速系统的电气原理结构如图7-19所示。

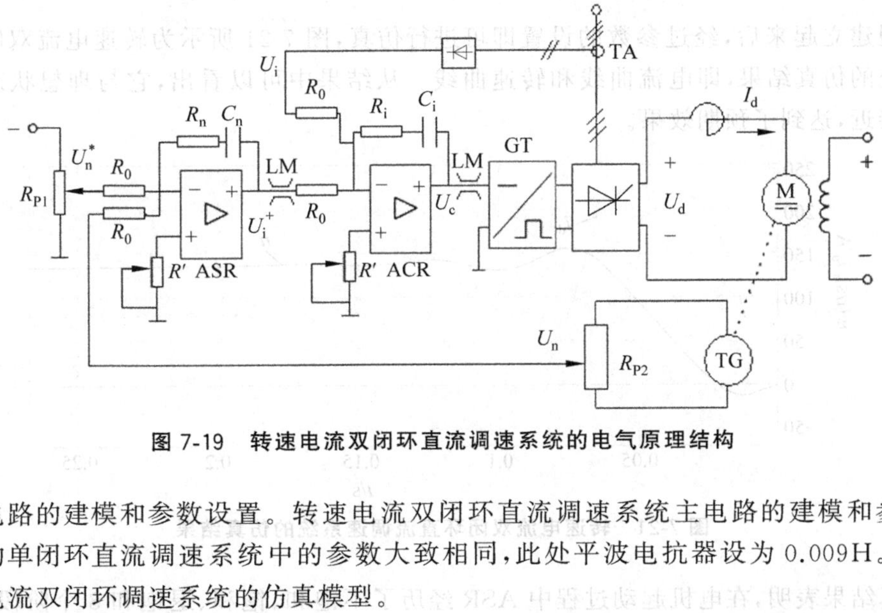

图7-19 转速电流双闭环直流调速系统的电气原理结构

主电路的建模和参数设置。转速电流双闭环直流调速系统主电路的建模和参数设置与前述的单闭环直流调速系统中的参数大致相同，此处平波电抗器设为0.009H。图7-20是转速电流双闭环调速系统的仿真模型。

控制电路的模型建立和参数设置。给定信号设定为130r/s、电流反馈系数和转速反馈系数。

双闭环调速系统的两个PI调节器为ACR和ASR。这两个调节器的参数分别如下。

ACR：$K_{Pi}=3.4$，$K_{Ii}=75$，限幅值为[130，−130]。

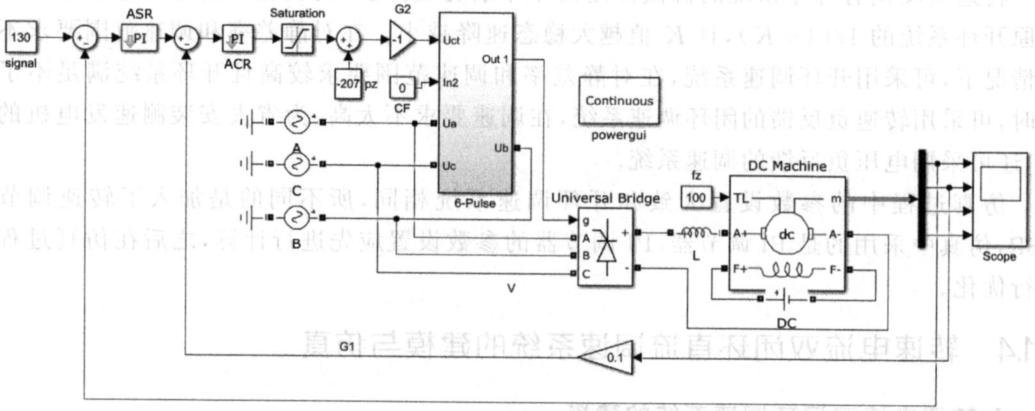

图 7-20　转速电流双闭环直流调速系统的仿真模型

ASR：$K_{\mathrm{Pn}}=1.2$，$K_{\mathrm{In}}=8$，限幅值为[25，−25]。

限幅器、偏置电路和反相器的建模在前述已有介绍，可参看之前的讲述。

2. 系统的仿真参数设置

仿真中选择的变步长算法为 ode23s(stiff/Mod. Rosenbrock)，Start time 设为 0，Stop time 设定为 1.5s。

3. 系统的仿真及仿真结果的分析

模型建立起来后，经过参数的设置即可进行仿真，图 7-21 所示为转速电流双闭环直流调速系统的仿真结果，即电流曲线和转速曲线。从结果中可以看出，它与理想状态下的结果非常接近，达到了预期效果。

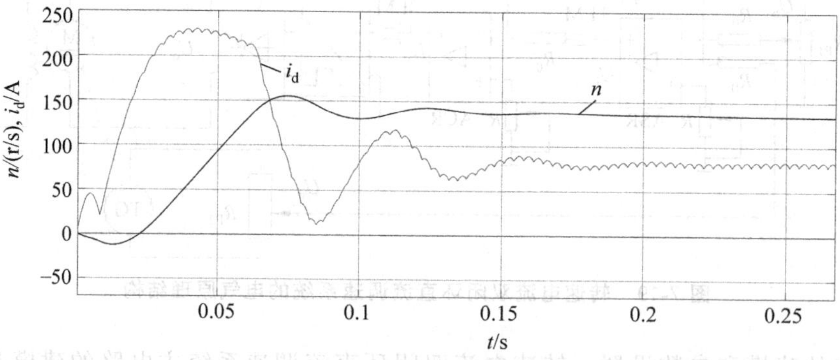

图 7-21　转速电流双闭环直流调速系统的仿真结果

仿真结果表明，在电机起动过程中 ASR 经历了不饱和、饱和、退饱和 3 个阶段，即电流上升阶段、恒流升速阶段和转速调节阶段。从起动时间上看，第二阶段恒流升速是主要阶段，因此双闭环系统基本上实现了电流受限制下的快速起动，利用了饱和非线性控制方法，达到"准时间最优控制"。带 PI 调节器的双闭环调速系统还有一个特点，即转速必超调。在双闭环调速系统中，ASR 的作用是对转速的抗扰调节并使之稳态为无静差，其输出限幅决定允许的最大电流。ACR的作用是电流跟随、过流自动保护和及时抑制电压的波动。起动时,转速外环饱和不起作用,电流内环起主要作用,调节起动电流保持最大,使转速线性变化,迅速达到给定值,稳态运行时,转速负反馈外环起主要作用,使转速随转速给定电压的变化而变化,电流内环跟随电流外环调节电机的电枢电流以平衡负载电流。

4. 小结

双闭环直流调速系统的内环为电流环,外环为转速环,它的起动过程分为3个阶段,即电流上升阶段、恒流升速阶段、转速调节阶段。从起动时间上看,第Ⅱ阶段恒流升速阶段为主要阶段,因此双闭环调速系统基本上实现了在限制最大电流下的快速起动,利用了转速调节器饱和非线性控制的方法,达到了“准时间最优控制”。

仿真过程中的参数设置大致和单闭环调速系统相同,所不同的是加入了电流调节器ACR、电压调节器AVR,仿真中采用的是PI调节器,PI调节器的参数设置也是应先进行计算,之后在仿真过程中进行优化。

7.1.5 直流脉宽调速系统的建模与仿真

PWM直流调速系统的电气原理如图7-22所示,该系统主要由转速调节器ASR、脉宽调制器UPW、调制波发生器GM、逻辑延时环节DLD、电力晶体管的基极驱动器GD、信号发生器PWM、限流保护环节FA等组成。

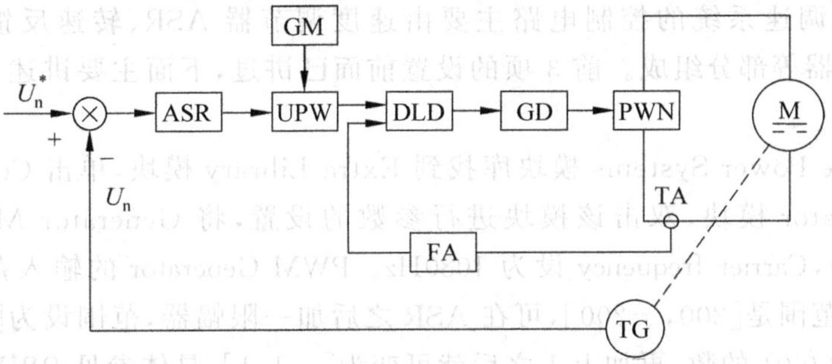

图7-22 PWM直流调速系统的电气原理

1. 直流脉宽调速系统的建模

(1) 主电路的建模和参数设置

PWM直流调速系统的主电路主要由三相对称交流电压源、二极管不控整流桥、滤波电容器、IGBT逆变桥、直流电动机等组成。在主电路建模时,三相对称交流电压源、直流电动机前面已介绍过,下面主要介绍其他部件的设置,如图7-23所示。

二极管不控整流桥的参数设置。从电力电子模块(Power Electronics)中选取Universal Bridge,双击模块图标,打开整流桥参数设置对话框,设置缓冲电阻R_s=50kΩ、缓冲电容C_s为无穷大inf、内电阻R_{on}=0.001Ω、内电抗L_{on}=0,Power Electronic device选择Diodes。

滤波电容器的参数设置。从Elements模块中找到Series RLC Branch,将Branch type

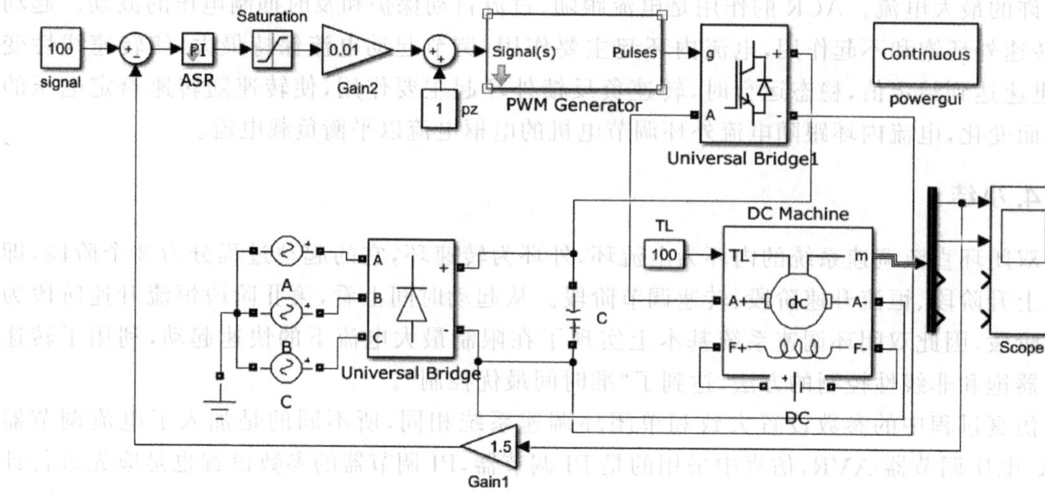

图 7-23　PWM 直流调速系统的仿真模型

选为 C，电容 C 选为 120F，仿真试验中可进行参数优化。

IGBT 逆变桥的参数设置。IGBT 逆变桥的设置与二极管不控整流桥的参数设置基本相同，只需将 Power Electronic device 选择 IGBT/Diodes 即可。

（2）控制电路的仿真参数设置

PWM 直流调速系统的控制电路主要由速度调节器 ASR、转速反馈环节、限幅器、PWM 信号发生器等部分组成。前 3 项的设置前面已讲过，下面主要讲述 PWM 信号发生器的设置。

从 Simscape Power Systems 模块库找到 Extra Library 模块，单击 Control Blocks，选择 PWM Generator 模块，双击该模块进行参数的设置，将 Generator Mode 选为 1-arm bridge(2 pulses)，Carrier frequency 设为 1080Hz。PWM Generator 的输入范围是[−1，1]，而 ASR 的输出范围是[200，−200]，可在 ASR 之后加一限幅器，范围设为[0，−200]，其后加一放大系数为 0.01 的数，再加上 1 之后就可变为[−1，1]，具体参见 PWM 直流调速系统的仿真模型。

给定信号设为 100r/s，速度反馈系数设为 1.5，ASR 的参数为：$K_{Pn}=25$，$K_{In}=300$，限幅值设为[200，−200]。

电机参数设置如图 7-24 所示。

2. 系统的仿真参数设置

仿真中选择的变步长算法为 ode45(Dormand-Prince)，Start time 设为 0，Stop time 设定为 4s。

3. 系统的仿真及仿真结果分析

模型建立起来后，经过参数设置即可进行仿真，图 7-25 所示为 PWM 直流调速系统的仿真结果，即电流曲线和转速曲线。

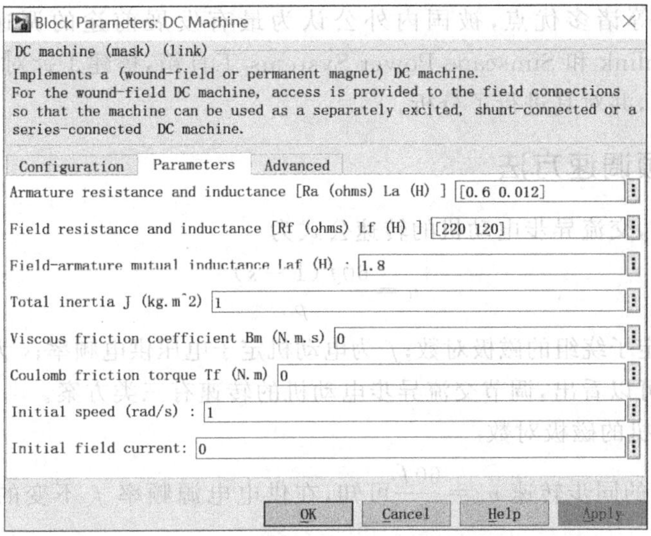

图 7-24　PWM 直流调速系统直流电机参数设置

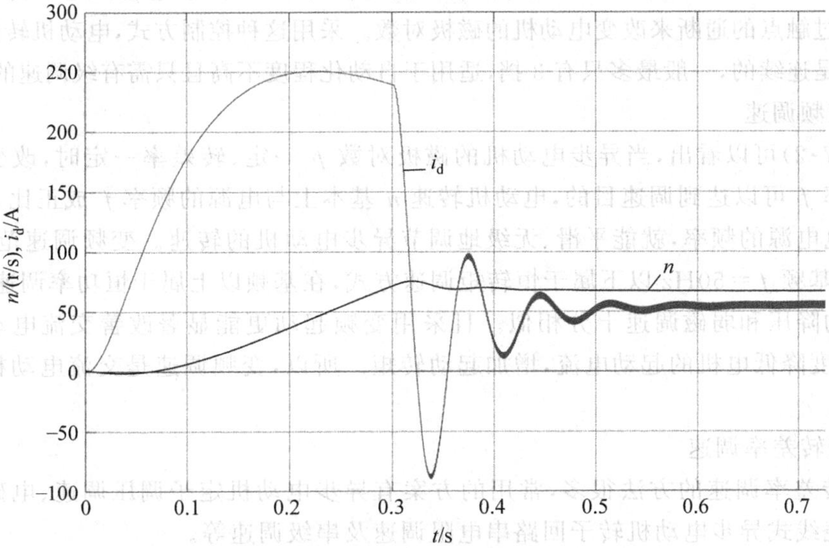

图 7-25　PWM 直流调速系统的仿真结果

4. 小结

直流脉宽调速系统仿真研究与开环、单闭环系统及双闭环系统相比，控制电路和主电路有较大区别，重点讲述了 PWM 的建立过程，其他参数的建立过程与前述大致相同。

7.2 交流调速系统

交流电机调速技术是当今节电、改善工艺流程以及提高产品质量和改善环境、推动技术进步的一种主要手段。其中的变频调速具有效率高、功率因数高、节电、调速和起制动性能好、适用范围广等诸多优点，被国内外公认为最有发展前途的调速方式。本节利用MATLAB的Simulink和Simscape Power Systems工具箱，搭建了针对交流变频调速电气原理图的仿真模型，并对其进行了分析。

7.2.1 交流变频调速方法

由电机学可知，交流异步电动机的转速公式为

$$n=\frac{60f(1-s)}{p} \tag{7-2}$$

式中：p 为电动机定子绕组的磁极对数；f 为电动机定子电压供电频率；s 为电动机的转差率。

从式(7-2)中可以看出，调节交流异步电动机的转速有三类方案。

(1) 改变电动机的磁极对数

由异步电动机的同步转速 $n_0=\frac{60f}{p}$ 可知，在供电电源频率 f 不变的条件下，通过改接定子绕组的连接方式来改变异步电动机定子绕组的磁极对数 p，即可改变异步电动机的同步转速 n_0，从而达到调速的目的。这种控制方式比较简单，只要求电动机定子绕组有多个抽头，然后通过触点的通断来改变电动机的磁极对数。采用这种控制方式，电动机转速的变化是有级的，不是连续的，一般最多只有3挡，适用于自动化程度不高且只需有级调速的场合。

(2) 变频调速

从式(7-2)可以看出，当异步电动机的磁极对数 p 一定、转差率一定时，改变定子绕组的供电频率 f 可以达到调速目的，电动机转速 n 基本上与电源的频率 f 成正比，因此，平滑地调节供电电源的频率，就能平滑、无级地调节异步电动机的转速。变频调速范围大，低速特性较硬，基频 $f=50\text{Hz}$ 以下属于恒转矩调速方式，在基频以上属于恒功率调速方式，与直流电动机的降压和弱磁调速十分相似。且采用变频起动更能显著改善交流电动机的起动性能，大幅度降低电机的起动电流，增加起动转矩。所以，变频调速是交流电动机的理想调速方案。

(3) 变转差率调速

改变转差率调速的方法很多，常用的方案有异步电动机定子调压调速、电磁转差离合器调速和绕线式异步电动机转子回路串电阻调速及串级调速等。

定子调压调速系统就是在恒定交流电源与交流电动机之间接入晶闸管作为交流电压控制器，这种调压调速系统仅适用于一些属短时与重复短时作深调速运行的负载。为了能得到好的调速精度与能稳定运行，一般采用带转速负反馈的控制方式。所使用的电动机可以是绕线式异电动机或是有高转差率的笼型异步电动机。

针对以上3种调速方法，下面着重讲述异步电动机的变频调速。变频调速主要包含以下两种情形。

(1) 基频以下调速方式

由电机学可知，三相异步电动机定子每相电动势的有效值为

$$E_g=4.44f_1N_sK_{Ns}\Phi_m \tag{7-3}$$

式中：E_g 为气隙磁通在定子每相绕组中感应电动势的有效值，V；f_1 为定子频率，Hz；N_s 为定子每相绕组串联匝数；K_{Ns} 为定子基波绕组系数；Φ_m 为每级气隙磁通量，Wb。

由式(7-3)可知，要保持 Φ_m 不变，当频率 f_1 从额定值向下调节时，必须同时降低 E_g，使 E_g/f_1＝常数，即采用电动势频率比为恒值的控制方式。

然而，绕组中的感应电动势是难以直接控制的，当电动势较高时，可以忽略定子绕组的漏磁阻抗压降，而认为定子相电压使 $U_s \approx E_g$，则 U_s/f_1＝常数，这就是恒压频比的控制方式。

(2) 基频以上调速方式

在基频以上调速时，频率从额定值向上升高，但定子电压 U_s 不可能超过额定电压 U_{sN}，最多只能保持 $U_s = U_{sN}$，这将迫使磁通与频率成反比地降低，相当于直流电动机弱磁升速的情况。

把基频以下和基频以上两种情况结合起来，可以认为异步电动机在变频调速控制时，基频以下属于恒转矩调速，基频以上调速属于恒功率调速。

7.2.2 交流异步电动机变频调速系统仿真

这里以 SPWM 变频调速系统为例，来介绍交流异步电动机的变频调速仿真过程。

1. SPWM 变频调速系统的建模

基于交流异步电动机的 SPWM 变频调速系统仿真模型如图 7-26 所示。该系统为转速开环控制的系统，主要由给定环节、SPWM 变频电源、交流电动机和测量装置等组成。

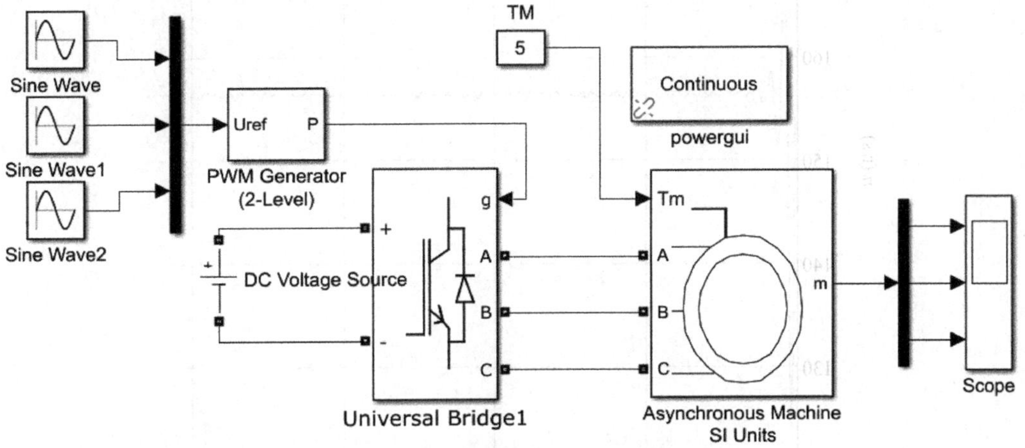

图 7-26 SPWM 交流变频调速系统仿真模型

(1) 主电路的建模和参数设置

① 直流电源(DC Voltage Source)设置。直流电源选择电压幅值为 780V。

② 正弦信号(Sine Wave)设置。3 个正弦波信号的幅值都是 0.8V，频率为 50Hz，因此为 314r/s，初始相角分别为 0、3.14×2/3 和－3.14×2/3。

③ 三线整流桥(Universal Bridge)设置。桥臂数设置为 3，电力设备设置为 IGBT/Diodes。

④ 交流异步电动机(Asynchronous Machine SI Units)设置。交流异步电动机转子类型(Rotor TypE)设置为笼型(Squirrel-cage)，其他参数保持默认。

(2) 控制电路的仿真参数设置

负载常数(Constant)设置。电动机负载采用常数模块，设置为 5。

离散 PWM 发生器(Discrete PWM Generator)设置。参数发生器类型(Generator mode)设置为 3-arm bridge(6 脉冲),载波频率(Carrier Frequency)为 1080Hz。选择 3-arm bridge 产生 6 脉冲,给三相整流器送触发信号。正弦信号由 3 个正弦输入信号产生,三角波是幅值为 1、频率为 1080Hz 的信号。

2. 系统的仿真参数设置

仿真中选择的变步长算法为 ode23t(Mod .stiff/.Trapezoidal),Start time 设为 0,Stop time 设定为 2s,Relative tolerance 和 Absolute tolerance 均设为 1×10^{-3},其他均保持默认值。

3. 系统的仿真及仿真结果分析

模型建立起来后,经过参数的设置即可进行仿真,图 7-27 与图 7-28 所示为 SPWM 交流变频调速系统转速和电流的仿真结果。

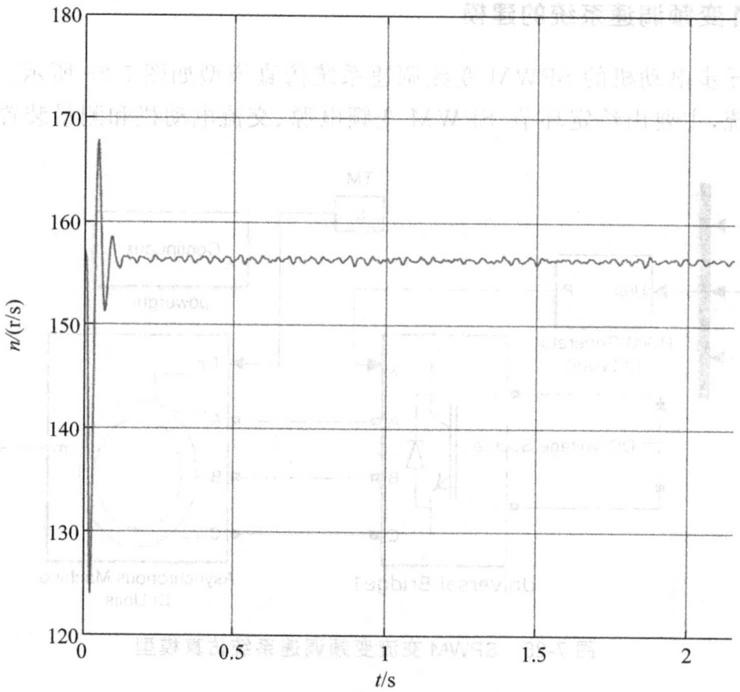

图 7-27 SPWM 交流变频调速系统转速的仿真结果

4. 小结

异步电动机的变频调速属于转差功率不变型调速,是异步电动机各种调速方案中性能最好的一种调速方法,本项目主要针对 SPWM 交流变频调速系统进行了仿真。在 SPWM 逆变器中,以参考正弦波作为调制波,以等腰三角波作为载波来获得控制主电路 6 个功率器件开关的信号。通过改变调制波的频率与幅值来平滑调节逆变器输出的基波频率与幅值。从载波比 N 有无变化可将 SPWM 调制方式分为同步、异步与分段同步 3 种。在采用同步调制时,整个变频范围内载波比 N 不变,能够严格保证输出三相波形间相位差为 120°,但低

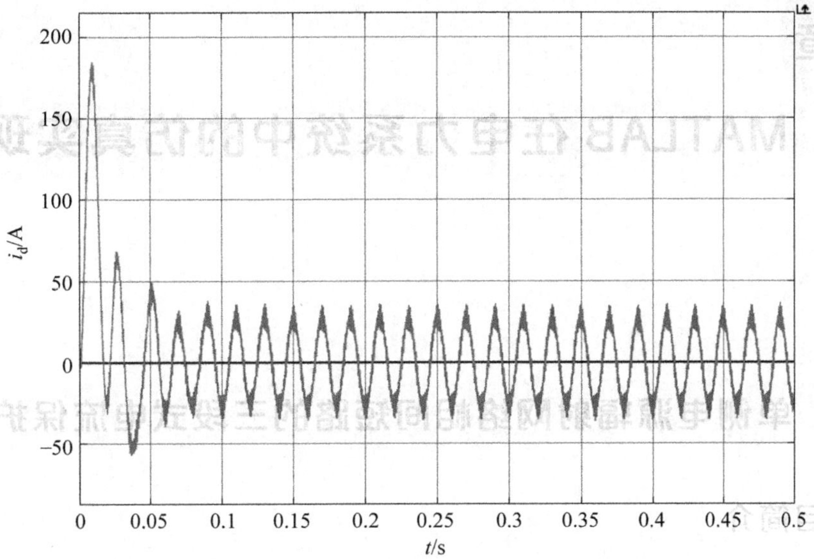

图 7-28 SPWM 交流变频调速系统单相电流的仿真结果

频时由于谐波增加,故使负载电动机产生较大脉动转矩与噪声。采用异步调制时,一般在改变正弦参考信号频率时保持三角载波频率不变,故整个变频范围载波比 N 是变化的。这种调制方式可提高低频时的载波比,有利于改善低频工作特性。但在载波比 N 连续变化过程中将不能保持输出三相波形之间相位差为 120°,影响电动机运行的平稳性。分段同步调制方式则将上述两种调制方式扬长避短地结合起来,虽然调制较麻烦,但用 MATLAB 仿真时较易实现。

本项目主要讲述的是 SPWM 交流变频调速系统,仿真时系统采用开环系统,主要由给定环节、SPWM 变频电源、交流电动机和测量装置等组成,针对主电路和控制电路的参数设置进行了讲述,并对仿真结果进行了分析。

习　　题

某晶闸管供电的转速、电流反馈控制直流调速系统,整流装置采用三相桥式电路,基本参数如下。

(1) 直流电动机:220V,136A,1460r/min,$C_e=0.132$,$\lambda=1.5$。

(2) 晶闸管放大装置放大系数为 $K_s=40$;电枢回路总电阻为 $R=0.5\Omega$;时间常数为 $T_1=0.03\text{s}$,$T_m=0.18\text{s}$。

(3) 电流反馈系数:取电流调节器的输出限幅值为 10V,则电流反馈系数 $\beta=0.05$ ($\approx 10/1.5I_N$)。

(4) 转速反馈系数:取转速调节器的输出限幅值为 10V,则转速反馈系数 $\alpha=0.007$ ($\approx 10/n_N$)。

使用 MATLAB 软件观察电流调节器和转速调节器的作用以及结构和参数变化对控制系统性能的影响。

第 8 章 MATLAB 在电力系统中的仿真实现

8.1 单侧电源辐射网络相间短路的三段式电流保护

8.1.1 项目简介

1. 原理介绍

电流保护是以反映电流增大而动作的电流测量元件为基础构成的。三段式电流保护分为电流速断保护(Ⅰ段)、限时电流速断保护(Ⅱ段)和定时限过电流保护(Ⅲ段)。电流速断保护(Ⅰ段)反映于配电线路电流幅值增大而瞬时动作,其整定原则是躲开下级线路出口处短路时可能出现的最大电流。限时电流速断保护(Ⅱ段)则是在任何情况下能够保护本线路全长,并留有足够的灵敏性。定时限过电流保护(Ⅲ段)能够作为下级线路主保护和断路器拒动时的远后备保护,同时作为本线路主保护拒动时的近后备保护,通常按照躲开最大负荷电流来整定。

如图 8-1 所示,在线路 AB 上 k_1 点发生短路故障时,为满足速动性,保护 1 的电流速断保护能够瞬时动作切除故障。当线路 BC 的 k_2 点发生短路故障时,按照选择性要求,保护 1 不动作,由保护 2 的电流速断保护瞬时动作切除故障,而当保护 2 拒动时,保护 1 的限时电

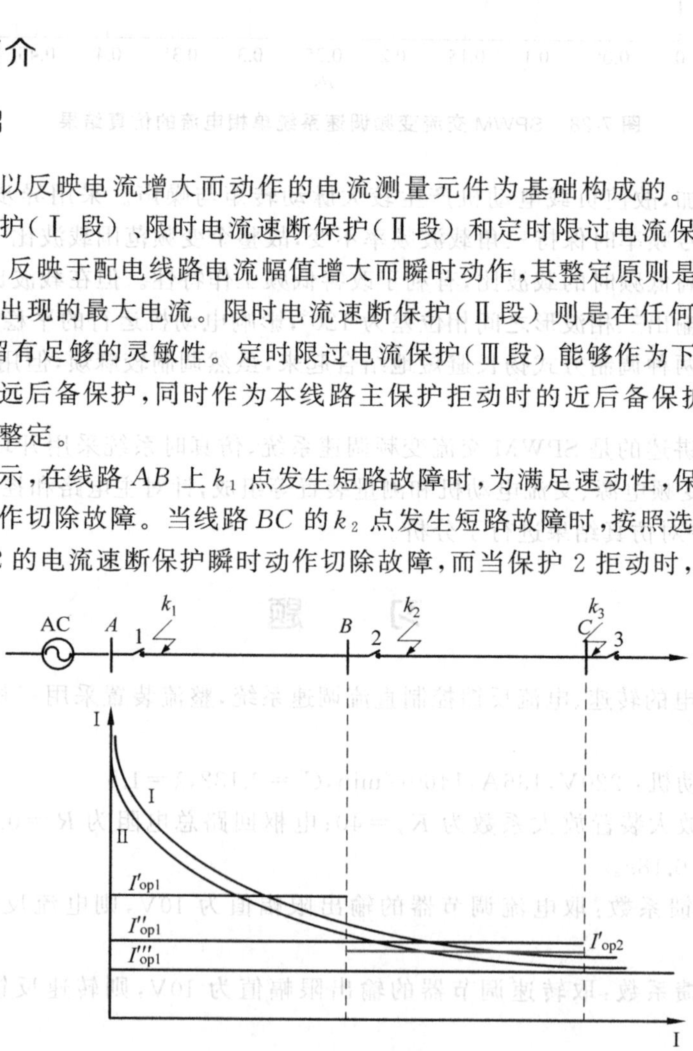

图 8-1 网络接线

流速断保护在延时 0.5s 后动作切除故障，保证了保护的可靠性。当线路 BC 末端的 k_3 点发生短路故障时，由保护 2 的限时速断保护在延时 0.5s 后动作切除故障，在保护 2 拒动的情况下，保护 1 的定时限过电流保护在延时一定时间后动作切除，最大限度地保障了线路保护的可靠性、选择性、速动性和灵敏性。

为了保证三段式电流保护的选择性，加入适当的动作时限来满足三段式电流保护间的互相配合，同时还需要对每段电流保护的灵敏性进行校验。三段式电流保护中起动电流整定、动作时限整定和灵敏性校验计算公式如表 8-1 所示。

表 8-1　三段式电流保护中起动电流整定、动作时限整定和灵敏性校验计算公式

保护类型	起动电流整定	动作时限整定	灵敏性校验
电流速段保护	$I'_{op1}=K'_{rel}I_{kBmax}$（$K'_{rel}$取 1.2～1.3）	0	$l_{min}\geqslant 15\%l_{AB}$
限时电流速断保护	$I''_{op1}=K''_{rel}I'_{op2}/K_{bmin}$（$K''_{rel}$取 1.1～1.2）	Δt（通常取 0.5s）	$K''_{sen}=\dfrac{I_{kBmin}}{I''_{op1}}\geqslant 1.3\sim1.5$
定时限过电流保护	$I'''_{op1}=\dfrac{K'''_{rel}K_{ss}}{K_{re}}I_{Lmax}$（$K'''_{rel}$取 1.15～1.25，$K_{ss}$取 1.5～3，$K_{re}$取 0.85）	$t'''_{op1}=t'''_{op2}+\cdots+\Delta t$	近后备 $K'''_{sen1}=\dfrac{I_{kBmin}}{I'''_{op1}}\geqslant 1.3$ 远后备 $K'''_{sen1}=\dfrac{I_{kCmin}}{I'''_{op1}}\geqslant 1.2$

三段式电流保护因为选择性、灵敏性和速动性等方面存在不足，主要用于 35kV 及以下的单侧电源供电网络作为线路保护。

2. 实训目标要求

通过该实训项目，可以全面、深刻地学习三段式电流保护的工作原理，系统地理解继电保护可靠性、选择性、速动性、灵敏性要求的内涵，掌握有效的试验方法，并认识电力系统继电保护装置的研发、试验过程，为以后投入电力产业的设计和生产打下坚实的理论和实践基础。本实训要求掌握以下知识技能：①通过搭建电力系统主电路模型，可以了解 35kV 电网电路的设备参数、结构特点；②通过搭建保护逻辑控制算法电路模型，可以理解三段式电流保护的逻辑算法；③通过三相电压、电流波形和断路器状态分析，可以了解在正常状态和故障状态下该保护电路的工作过程，验证保护逻辑控制算法的正确性，也能为起动电流、动作时限的整定计算和灵敏性校验提供依据。

8.1.2 实训项目模型的搭建

图 8-1 所示网络的参数为：电力系统三相交流电源电压为 35kV，内阻抗为 6+j5.22，系统最小等效阻抗为 22.305+j19.405，AB 线路的阻抗为 10+j8.7，BC 线路的阻抗为 10+j8.7，A、B、C 点处的负载为 6.4MW。利用该网络参数和表 8-1 中计算公式可得表 8-2 所示的起动电流整定值和动作时限整定值。

表 8-2　起动电流整定值和动作时限整定值

保护	Ⅰ段电流保护	Ⅱ段电流保护	Ⅲ段电流保护
保护 1	1377A　0s	925A　0.5s	252A　2s
保护 2	815A　0s	701A　0.5s	128A　1.5s

根据图 8-1 所示的电力网络结构和参数建立基于 MATLAB/Simulink 的仿真模型。步骤如下：打开 MATLAB/Simulink 建模平台，从 Fundamental Blocks 元件库找到 Three-Phase Source（三相电源）等元件并拖

入新建模型文件，建立电力系统主电路；再从 Commonly Used Blocks 元件库找到 Logical Operator（逻辑操作）等元件拖入模型文件，建立保护逻辑控制电路模型，按照三段式电流保护电路的拓扑结构搭建图 8-2 所示的仿真模型。

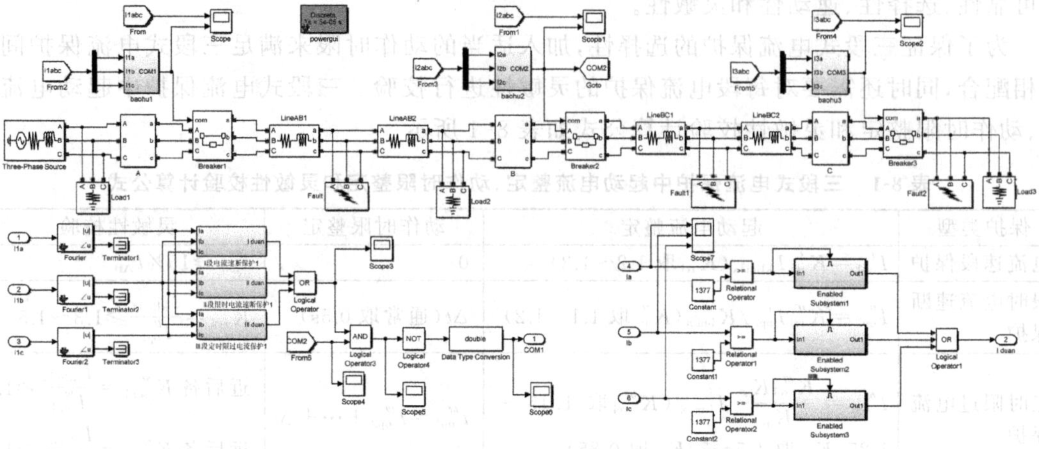

图 8-2　三段式电流保护电路仿真模型

搭建仿真模型时，需要注意以下几点：①三相电源电压对应输电线的类型，该电网的电压等级是 35kV，采用串联的阻感线路模块；②为保证故障在线路上任何位置均可调，一条线路用两个线路模块表示，将故障模块放在两个线路模块中间，通过调节两个线路模型的参数来模拟线路的位置；③每段电流保护的电流整定值和动作时限要计算正确、互相配合，以保证保护动作的速动性、选择性、可靠性和灵敏性。

8.1.3　离线仿真实训结果分析

（1）在电路正常运行情况下，运行仿真得到保护 1（A 点）、保护 2（B 点）、保护 3（C 点）这 3 处三相电流波形、保护动作情况（1 表示闭合、0 表示断开）如图 8-3 所示。

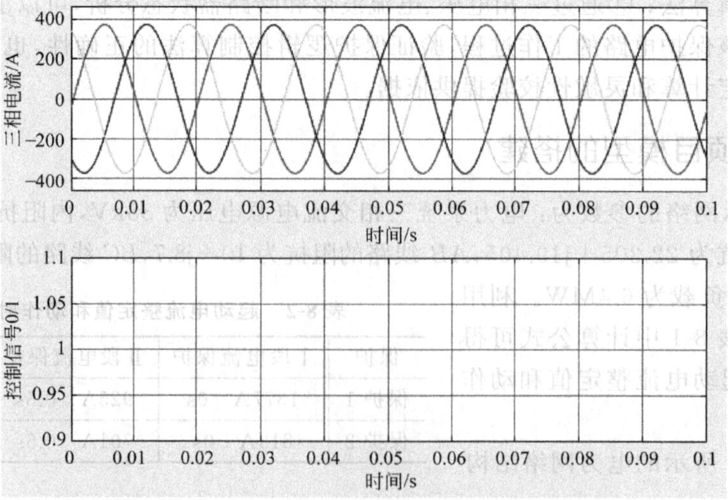

图 8-3　保护 1、2、3 处三相电流波形、保护动作情况

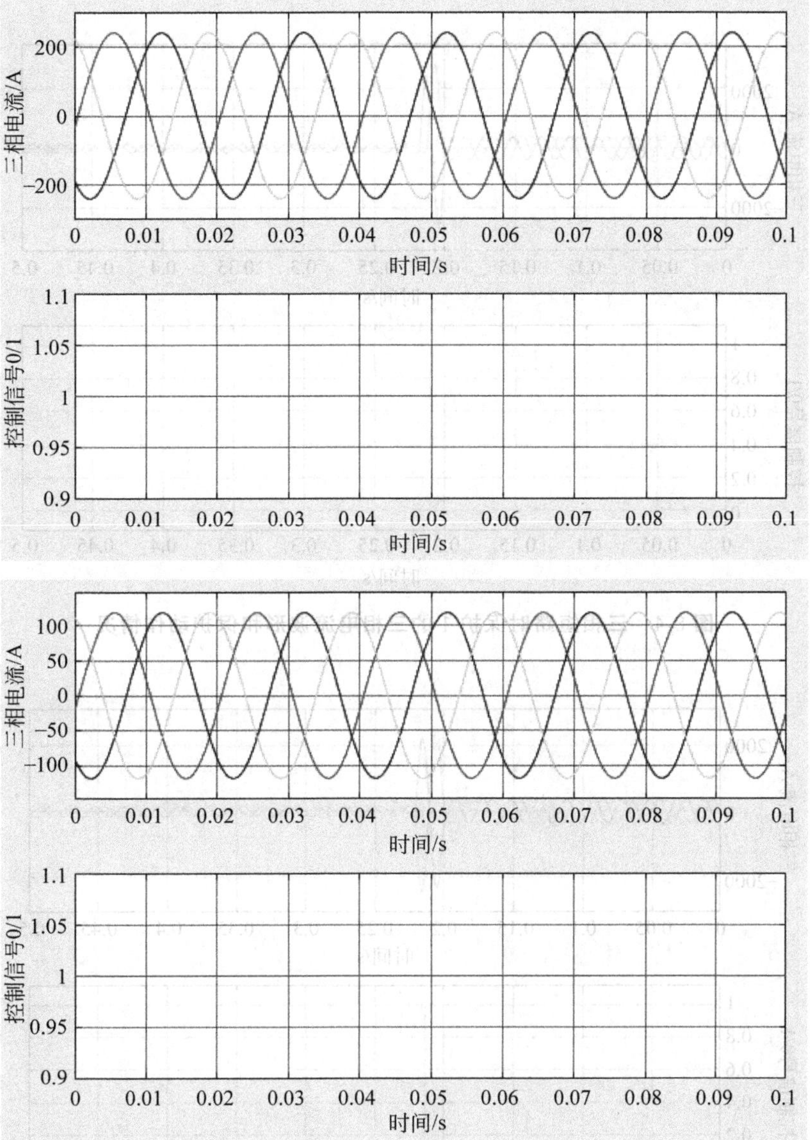

图　8-3（续）

由图 8-3 可知，线路在正常运行情况下，保护 1、2、3 处的电流不会突变，保护也不会动作，断路器处于闭合状态（控制信号为 1）。

(2) 当 0.2s 时，在线路 AB 的 20%处（即 k_1 点）设置三相相间短路、两相（AB）相间短路两种故障，经过保护 1 三段式电流保护的控制作用，分别运行仿真得到保护 1 处三相电流波形、保护 1 的动作情况，如图 8-4 和图 8-5 所示。

由图 8-4 和图 8-5 可以看出，在 k_1 点发生三相短路故障时，测得线路上单相最大瞬时故障电流值为 2520A，发生两相短路故障时，测得单相最大瞬时故障电流值为 2320A，而保护 1 的Ⅰ段电流保护的起动电流整定值为 1377A，则三相和两相短路均能触发保护 1 的电流速断保护，使保护 1 瞬时动作切除故障，体现了保护的速动性和灵敏性。

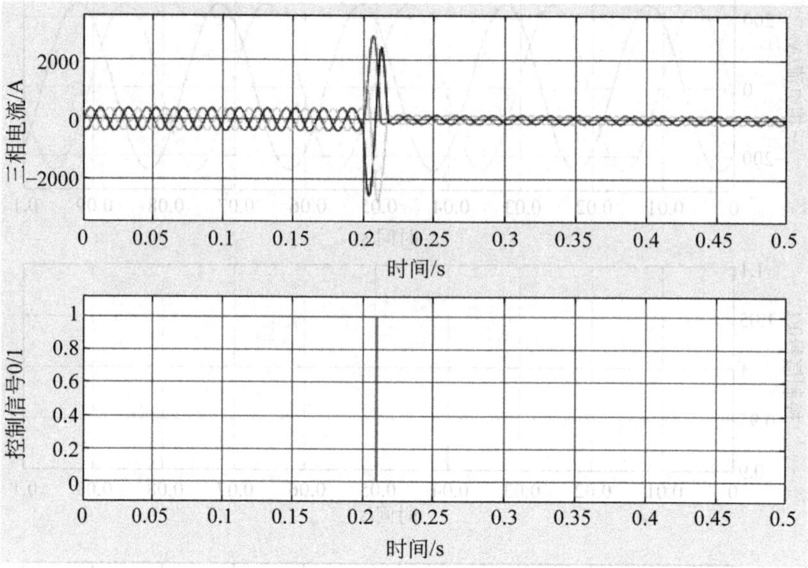

图 8-4　三相短路时保护 1 的三相电流波形和保护动作情况

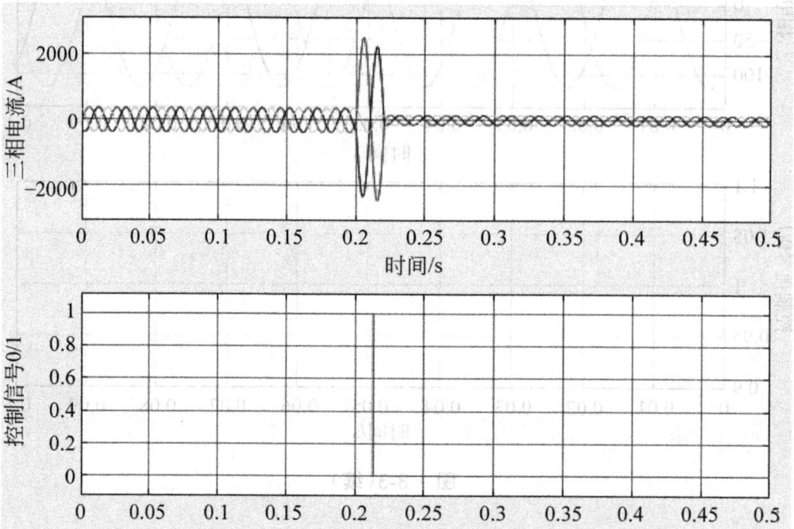

图 8-5　两相短路时保护 1 的三相电流波形和保护动作情况

(3) 当 0.2s 时，在线路 BC 的 20％处(即 k_2 点)设置三相相间短路故障情况下，经过三段式电流保护的控制作用，运行仿真得到保护 1 和保护 2 的三相电流波形、保护动作情况，如图 8-6 和图 8-7 所示。

由图 8-6 和图 8-7 可以看出，线路 BC 的 20％处(即 k_2 点)发生三相相间短路故障时，测得单相最大瞬时故障电流值为 1150A，而保护 1、2 的Ⅰ段电流保护的起动电流整定值分别为 1377A 和 815A，故障电流值超过了保护 2 的起动电流整定值，则能触发保护 2 的电流

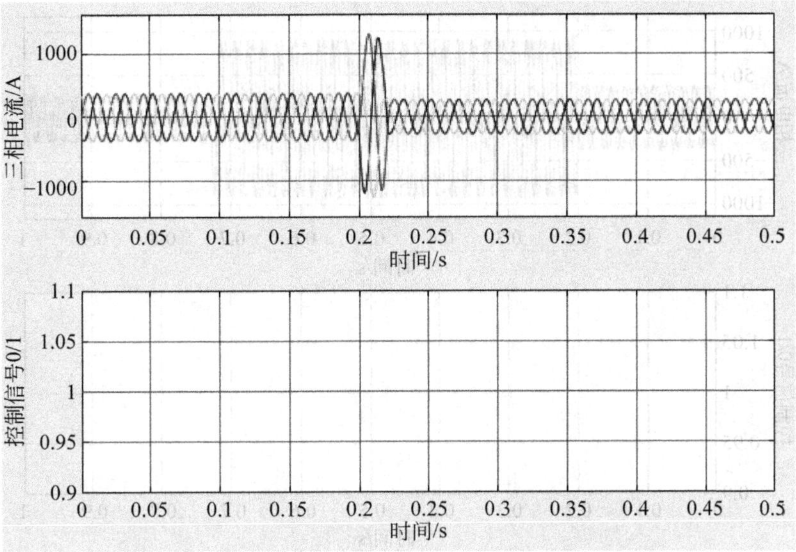

图 8-6 保护 1 的三相电流波形和保护动作情况

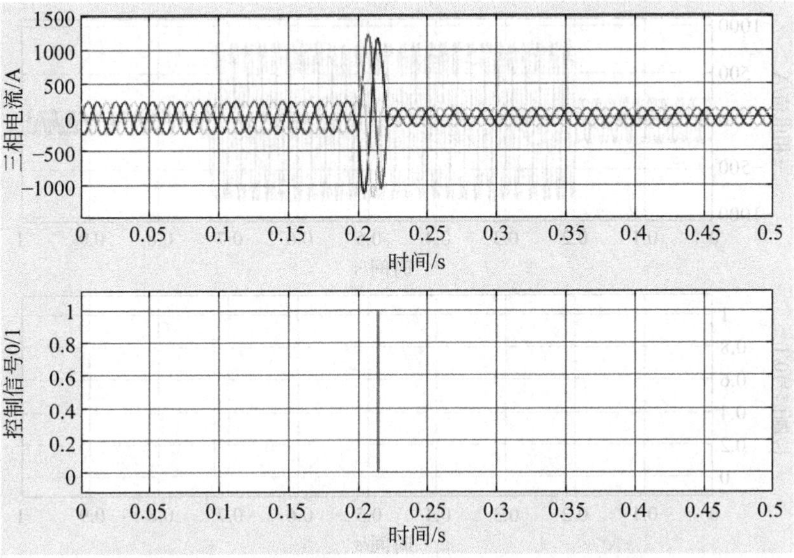

图 8-7 保护 2 的三相电流波形和保护动作情况

速断保护，即保护 2 能够瞬时动作切除故障，线路 AB 上的保护 1 不动作，满足保护的选择性要求。

(4) 当 0.2s 时，在线路 BC 的末端 C 处（即 k_3 点）设置三相相间短路故障的情况下，经过保护 1 和保护 2 三段式电流保护的控制作用，运行仿真得到保护 1 和保护 2 的三相电流波形、保护动作情况，如图 8-8 和图 8-9 所示。

由图 8-8 和图 8-9 可以看出，在线路 BC 的末端 C 处（即 k_3 点）发生三相相间短路故障时，测得单相最大瞬时故障电流值为 750A，故障电流值超过了保护 2 的Ⅱ段电流保护的起

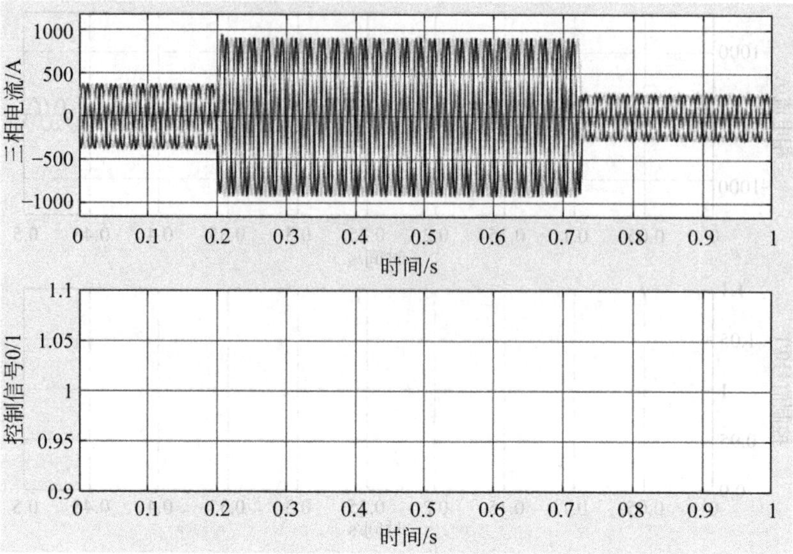

图 8-8 保护 1 的三相电流波形和保护动作情况

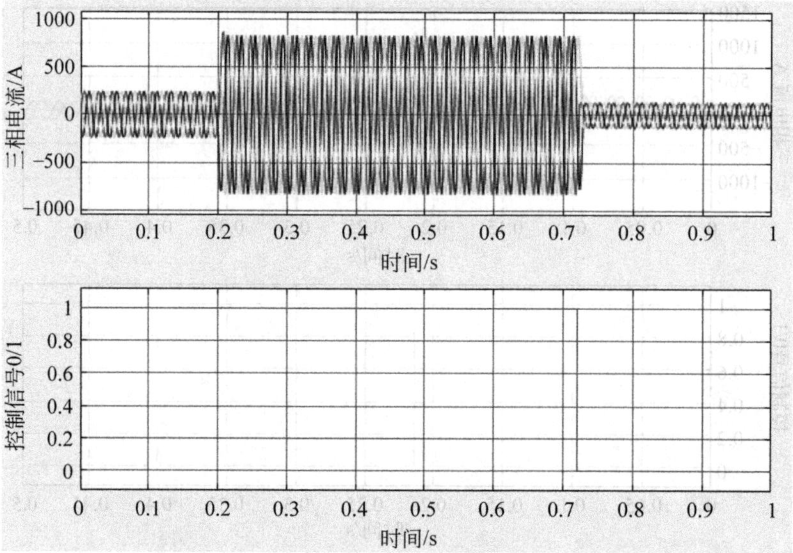

图 8-9 保护 2 的三相电流波形和保护动作情况

动电流整定值 701A，故由保护 2 的限时电流速断保护延时 0.5s 后切除故障，则限时电流速断保护能够保护本线路的全长。

在保护 2 拒动的情况下，经过三段式电流保护的控制作用，运行仿真得到保护 2 和保护 1 的三相电流波形、保护动作情况，如图 8-10 和图 8-11 所示。

由图 8-10 和图 8-11 可以看出，保护 1 的Ⅲ段电流保护起动电流整定值为 252A，则故障电流 750A 能触发保护 1 的定时限过电流保护，则在故障发生后延时 2s 时保护 1 动作切除故障。由图 8-8 与图 8-9 的对比以及图 8-10 与图 8-11 的对比可知，保护 1 的Ⅲ段电流保

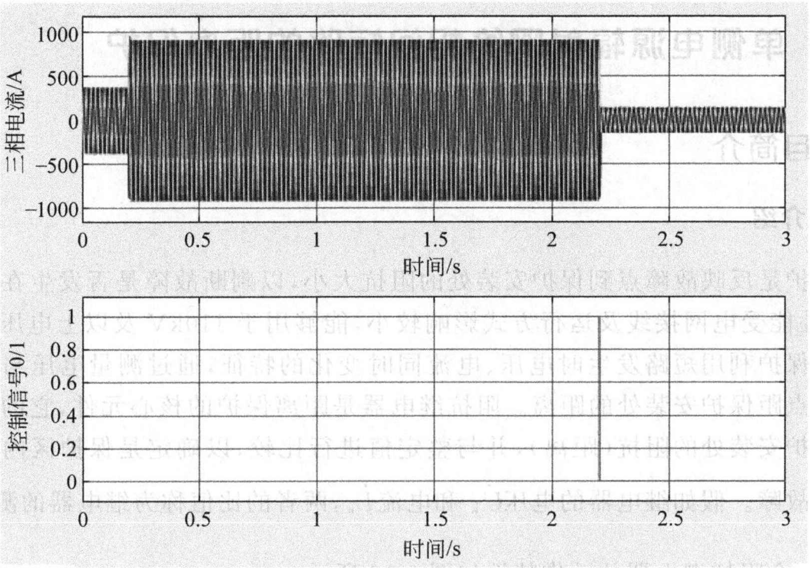

图 8-10　保护 1 的三相电流波形和保护动作情况

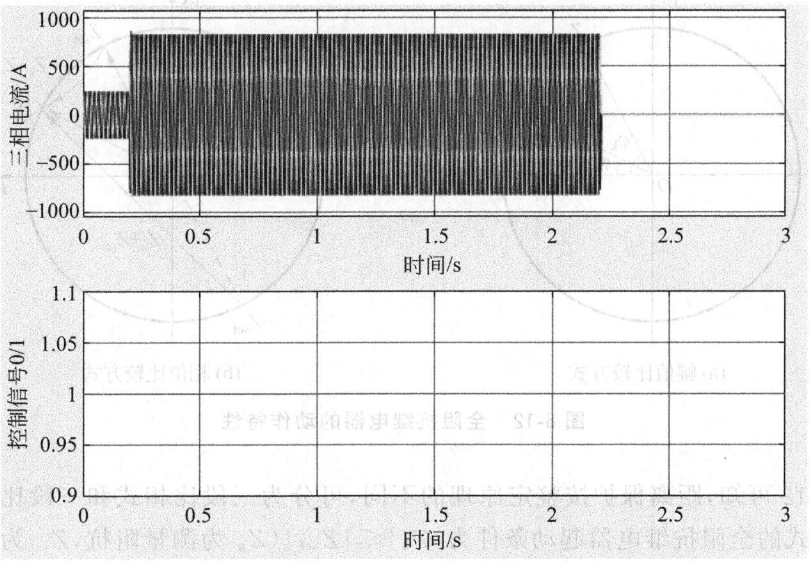

图 8-11　保护 2 的三相电流波形和保护动作情况

护可以作为本线路主保护的近后备保护和相邻线路的远后备保护，通过保护间三段式电流保护间的配合以及保护间紧密的后备保护关系保障了线路保护的可靠性。

通过以上仿真波形可以分析得出仿真波形与理论波形一致，可以确定非实时离线仿真模型在正常运行和相间短路故障的情况下都是正确的，则该三段式电流控制逻辑算法是有效的，根据理论教学中相关的计算公式得到的三段起动电流整定值、动作时限整定值以及灵敏性校验都是准确的。

8.2 单侧电源辐射网络相间短路的距离保护

8.2.1 项目简介

1. 原理介绍

距离保护是反映故障点到保护安装处的阻抗大小，以判断故障是否发生在被保护区内为原则，其性能受电网接线及运行方式影响较小，能够用于110kV及以上电压等级的复杂网络。距离保护利用短路发生时电压、电流同时变化的特征，通过测量电压与电流的比值来反映故障点距保护安装处的距离。阻抗继电器是距离保护的核心元件，它的作用是测量故障点到保护安装处的阻抗（距离），并与整定值进行比较，以确定是保护区内部故障还是保护区外部故障。假如继电器的电压$\dot{U}_k$和电流$\dot{I}_k$，两者的比值称为继电器的测量阻抗Z_k，即$Z_k=\frac{\dot{U}_k}{\dot{I}_k}$。全阻抗继电器的动作特性如图8-12所示。

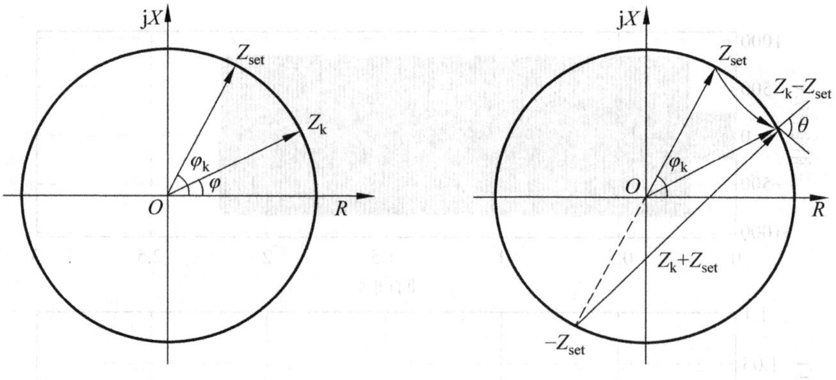

(a) 幅值比较方式　　(b) 相位比较方式

图8-12　全阻抗继电器的动作特性

由图8-12可知，距离保护按整定原理的不同，可分为三段比相式和三段比幅式。对于幅值比较方式的全阻抗继电器起动条件为$|Z_k|\leqslant|Z_{set}|$（Z_k为测量阻抗，Z_{set}为整定阻抗）；对于相位比较方式的全阻抗继电器起动条件为$270°\geqslant\arg\left(\frac{Z_k+Z_{set}}{Z_k-Z_{set}}\right)\geqslant 90°$。

结合图8-13，在线路AB的k_1点发生相间短路时，为满足速动性，保护1的距离Ⅰ段能够瞬时动作切除故障。当线路BC的k_2点发生相间短路时，按照选择性的要求，保护1不动作，由保护2的距离Ⅰ段动作切除，而当保护2拒动时，保护1的距离Ⅱ段在延时0.5s后动作，保证了保护的可靠性。当线路的k_3点发生相间短路时，保护2的距离Ⅱ段在延时0.5s后动作，在保护2拒动的情况下，保护1的距离Ⅲ段在延时一定时间后动作切除，最大限度保障线路保护的可靠性、选择性、速动性和灵敏性。

为了保证三段式距离保护的选择性，加入适当的动作时限来满足三段式距离保护间的

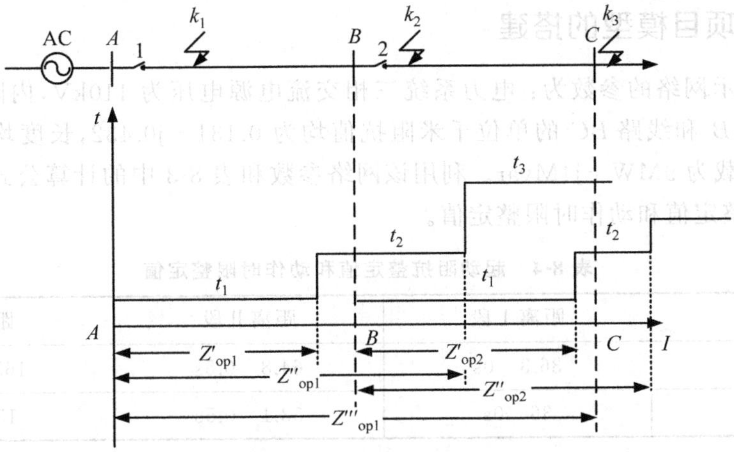

图 8-13 网络接线以及起动阻抗、时限特性

互相配合，同时还需要对每段距离保护的灵敏性进行校验。三段式距离保护中起动阻抗整定、动作时限整定和灵敏性校验计算公式如表 8-3 所示。

表 8-3 三段式距离保护中起动阻抗整定、动作时限整定和灵敏性校验计算公式

保护类型	起动阻抗整定	动作时限整定	灵敏性校验
距离Ⅰ段保护	$Z'_{op,1}\leqslant K_{rel}Z_{AB}$（$K_{rel}$ 取 0.8～0.85）	0	$l_{min}\geqslant 15\%\,l_{AB}$
距离Ⅱ段保护	$Z''_{op,1}\leqslant K''_{rel}(Z_{AB}+Z'_{op,2})$（$K''_{rel}$ 取 0.8）	Δt（通常取 0.5s）	$K''_{sen}=\dfrac{Z''_{op,1}}{Z_{AB}}\geqslant 1.5$
距离Ⅲ段保护	$Z'''_{op,1}\leqslant \dfrac{1}{K'''_{rel}K_{ss}K_{re}}Z_{1,min}$（$K'''_{rel}$ 取 1.2～1.3，K_{re} 取 1.1～1.15）	$t'''_{op1}=t'''_{op2}+\cdots+\Delta t$	近后备 $K'''_{sen1}=\dfrac{Z'''_{op,1}}{Z_{AB}}\geqslant 1.5$ 远后备 $K'''_{sen1}=\dfrac{Z'''_{op,1}}{Z_{AB}+K_{bra}Z_{BC}}\geqslant 1.2$

距离保护是同时反映电压降低与电流增大而动作的，因此距离保护较电流保护有较高的灵敏性。

2. 实训目标要求

通过该试验项目，学生可以全面、深刻地学习三段式距离保护的工作原理，系统地理解继电保护可靠性、选择性、速动性和灵敏性要求的内涵，掌握有效的试验方法，并认识电力系统继电保护装置的研发、试验过程，为以后投入电力产业的设计和生产打下坚实的理论和实践基础。学生在进行试验过程中要掌握以下知识技能：①通过搭建电力系统主电路模型，可以了解 110kV 及以上电网电路的设备参数、结构特点；②通过搭建保护逻辑控制算法电路模型，可以理解三段式距离保护的逻辑算法；③通过电压、电流波形和断路器状态分析，可以了解在正常状态和故障状态下该保护电路的工作过程，验证保护逻辑控制算法的正确性，也能为起动阻抗、动作时限的整定计算和灵敏性校验提供依据。

8.2.2 实训项目模型的搭建

图 8-13 所示网络的参数为：电力系统三相交流电源电压为 110kV，内阻抗为 0.001＋j0.0157，线路 *AB* 和线路 *BC* 的单位千米阻抗值均为 0.131＋j0.432，长度均为 100km，*A*、*B*、*C* 点处的负载为 9MW＋j4Mvar。利用该网络参数和表 8-3 中的计算公式可得表 8-4 所示的起动阻抗整定值和动作时限整定值。

表 8-4　起动阻抗整定值和动作时限整定值

保护	距离Ⅰ段	距离Ⅱ段	距离Ⅲ段
保护 1	36.3　0s	64.8　0.5s	165.6　1.5s
保护 2	36　0s	53.1　0.5s	152.4　1s

根据图 8-13 所示电力网络的结构和参数建立基于 MATLAB/Simulink 的仿真模型。步骤如下：打开 MATLAB/Simulink 建模平台，从 Fundamental Blocks 元件库找到 Three-Phase Source（三相电源）等元件并拖入新建模型文件，建立电力系统主电路；再从 Commonly Used Blocks 元件库找到 Logical Operator（逻辑操作）等元件拖入模型文件，建立保护逻辑控制电路模型，按照三段式距离保护电路的拓扑结构搭建系统仿真模型，如图 8-14 所示。

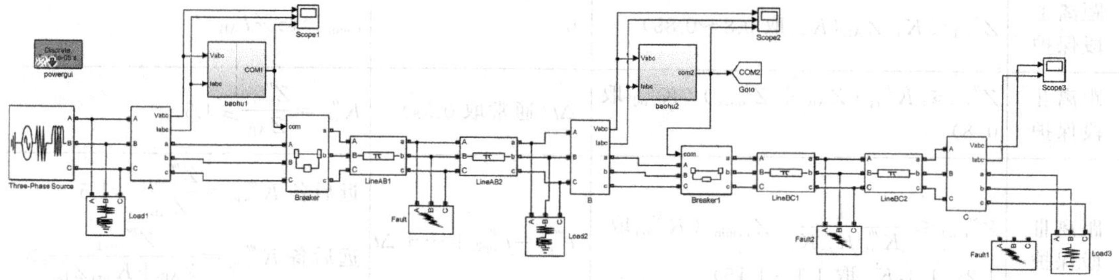

图 8-14　三段式距离保护电路仿真模型

搭建仿真模型时，需要注意以下几点：①三相电源电压对应输电线的类型，该电网的电压等级是 110kV，采用 PI 型线路模块；②为保证故障在线路上任何位置均可调，一条线路用两个线路模块表示，将故障模块放在两个线路模块中间，通过调节两个线路模型的参数来模拟线路的位置；③每段距离保护的阻抗整定值和动作时限要计算正确、互相配合，以保证保护动作的速动性、选择性、可靠性和灵敏性。

根据相间短路时的测量阻抗计算公式 $Z_{k1}=\dfrac{\dot{U}_A-\dot{U}_B}{\dot{I}_A-\dot{I}_B}$（$Z_{k2}$、$Z_{k3}$ 同理）可构建相间短路故障测量阻抗继电器模块，其仿真数学模型如图 8-15 所示（以保护 1 的距离Ⅰ段为例）。

根据接地短路时的测量阻抗计算公式 $Z_{k1}=\dfrac{\dot{U}_A}{\dot{I}_A+K_3\dot{I}_0}$（$Z_{k2}$ 和 Z_{k3} 同理）可构建接地短路故障测量阻抗继电器模块，其中 *K* 取 1，其仿真数学模型如图 8-16 所示（以保护 1 的距离Ⅰ段为例）。

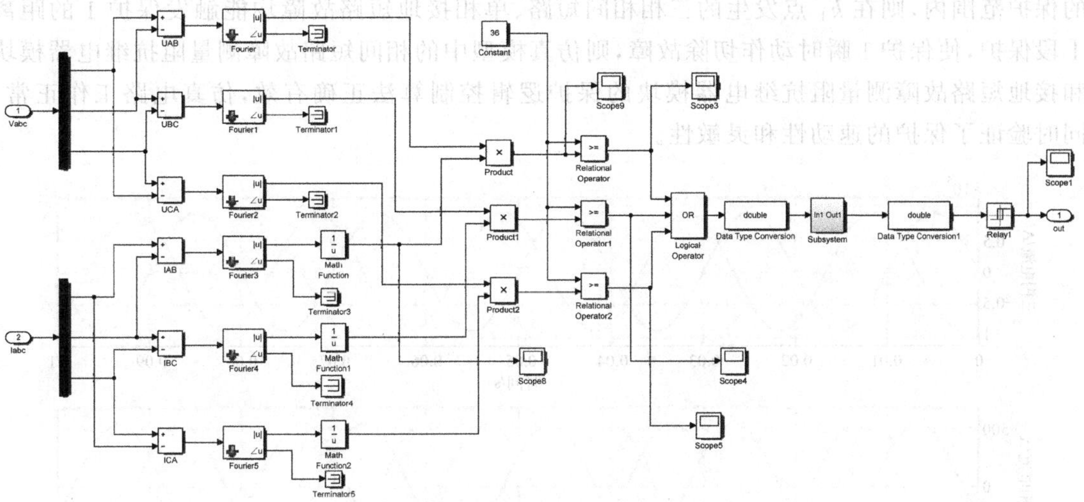

图 8-15　相间短路故障测量阻抗继电器模型

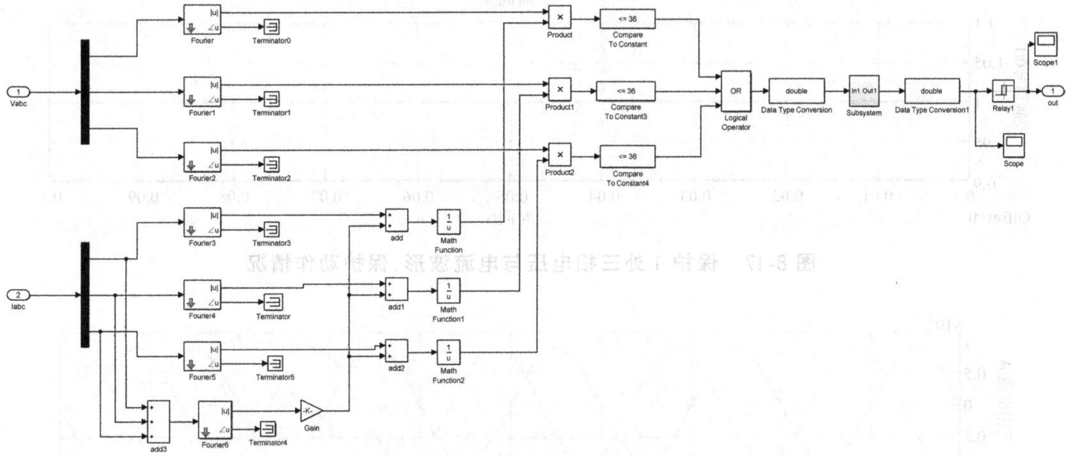

图 8-16　接地短路故障测量阻抗继电器模型

8.2.3　离线仿真试验结果分析

(1) 在电路正常运行情况下，运行仿真得到保护 1(A 点)和保护 2(B 点)处三相电压电流波形、保护动作控制信号(1 表示闭合、0 表示断开)，如图 8-17 和图 8-18 所示。

由图 8-17 和图 8-18 可知，线路在正常运行情况下，保护 1、2 处的三相电压和电流不会突变，保护也不会动作，断路器处于闭合状态(控制信号为 1)。

(2) 当 0.2s 时，在线路 AB 的 20%处(即 k_1 点)先后设置三相相间短路、单相接地短路两种故障类型，经过保护 1 三段式距离保护的控制作用，分别运行仿真得到保护 1 处电压与电流波形、保护 1 的动作控制信号，如图 8-19 和图 8-20 所示。

由图 8-19 和图 8-20 可以看出，在 k_1 点发生三相相间短路、单相接地短路故障时，线路中的电流均会突然增大，短路点距离保护 1 安装处为线路 AB 的 20%，在保护 1 距离Ⅰ段的保护范围内，则在 k_1 点发生的三相相间短路、单相接地短路故障均能触发保护 1 的距离Ⅰ段保护，使保护 1 瞬时动作切除故障，则仿真模型中的相间短路故障测量阻抗继电器模块和接地短路故障测量阻抗继电器模块的保护逻辑控制算法正确有效，仿真电路工作正常，同时验证了保护的速动性和灵敏性。

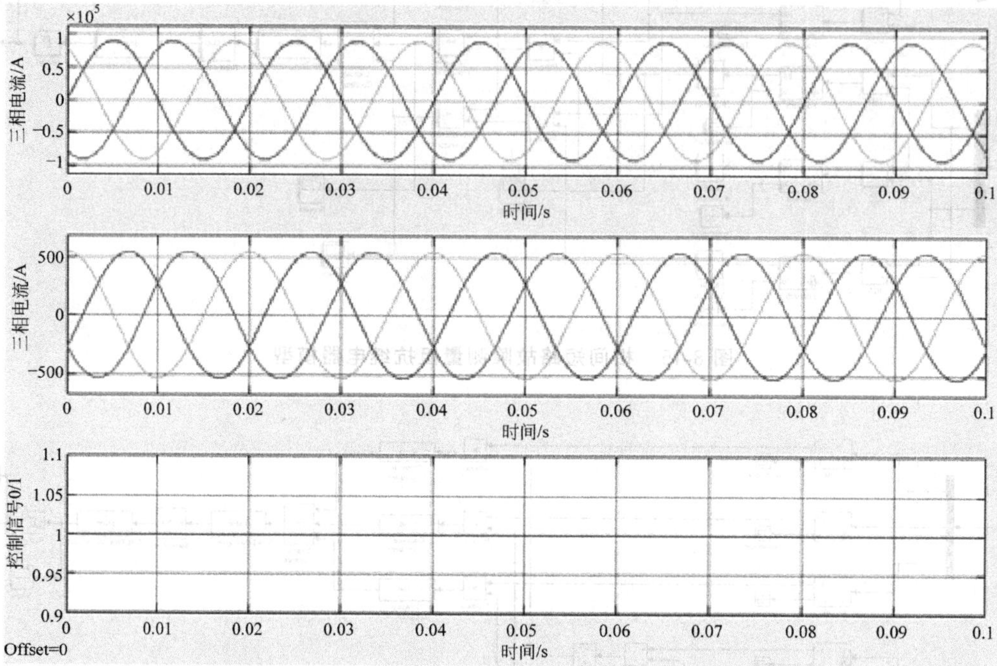

图 8-17　保护 1 处三相电压与电流波形、保护动作情况

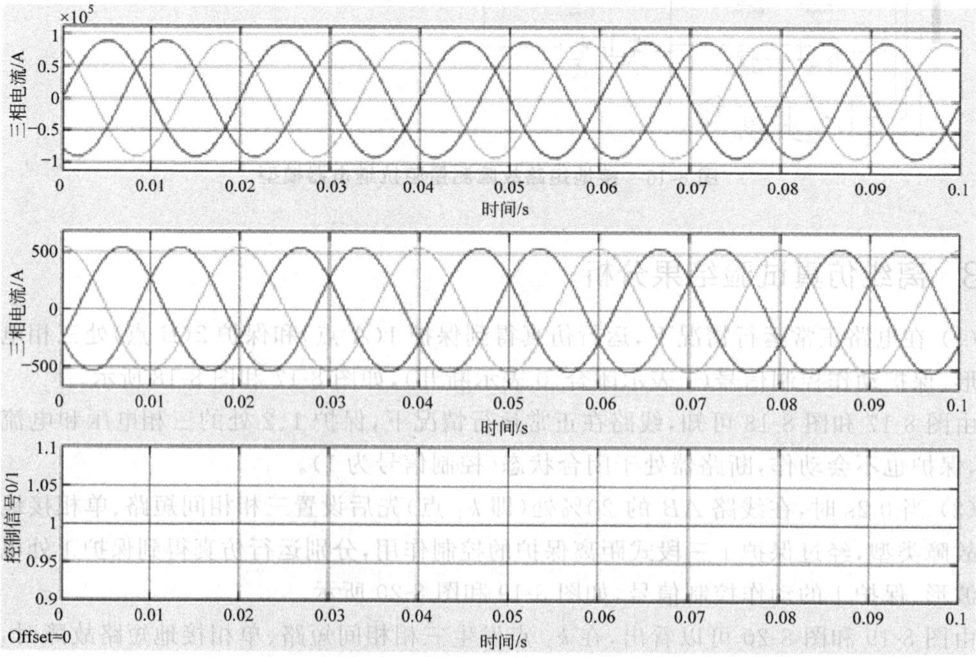

图 8-18　保护 2 处三相电压与电流波形、保护动作情况

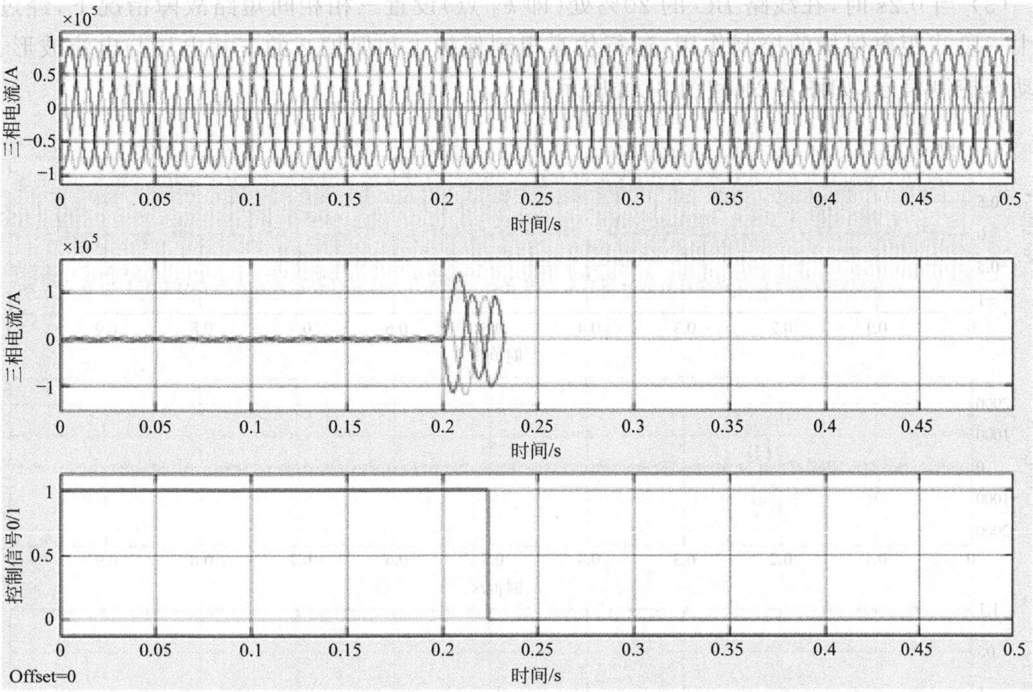

图 8-19 三相短路时保护 1 的三相电压与电流波形和保护动作情况

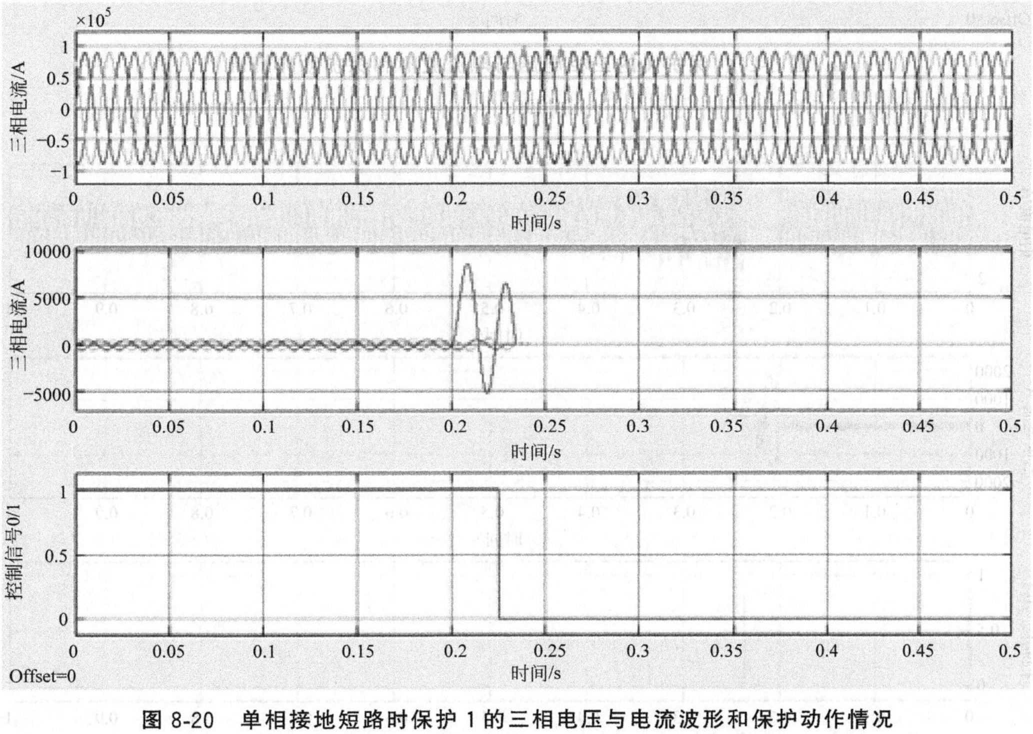

图 8-20 单相接地短路时保护 1 的三相电压与电流波形和保护动作情况

(3) 当 0.2s 时，在线路 BC 的 20%处（即 k_2 点）设置三相相间短路故障情况下，经过电路中三段式距离保护的控制作用，运行仿真得到保护 1 和保护 2 的三相电压与电流波形、保护动作控制信号，如图 8-21 和图 8-22 所示。

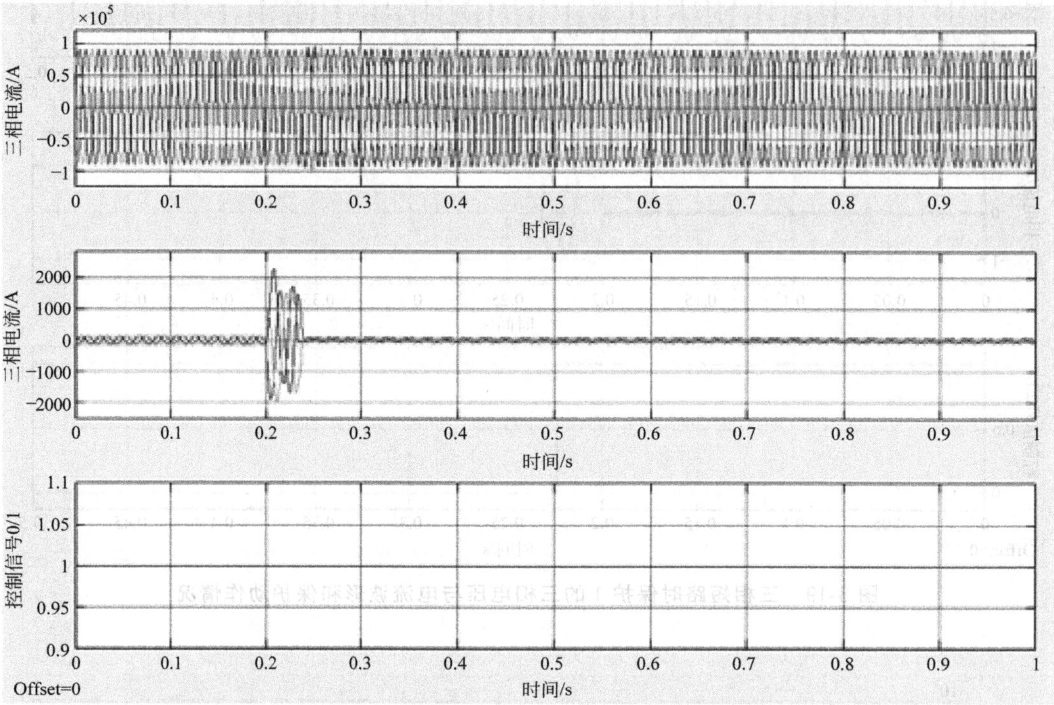

图 8-21　保护 1 的三相电压与电流波形和保护动作情况

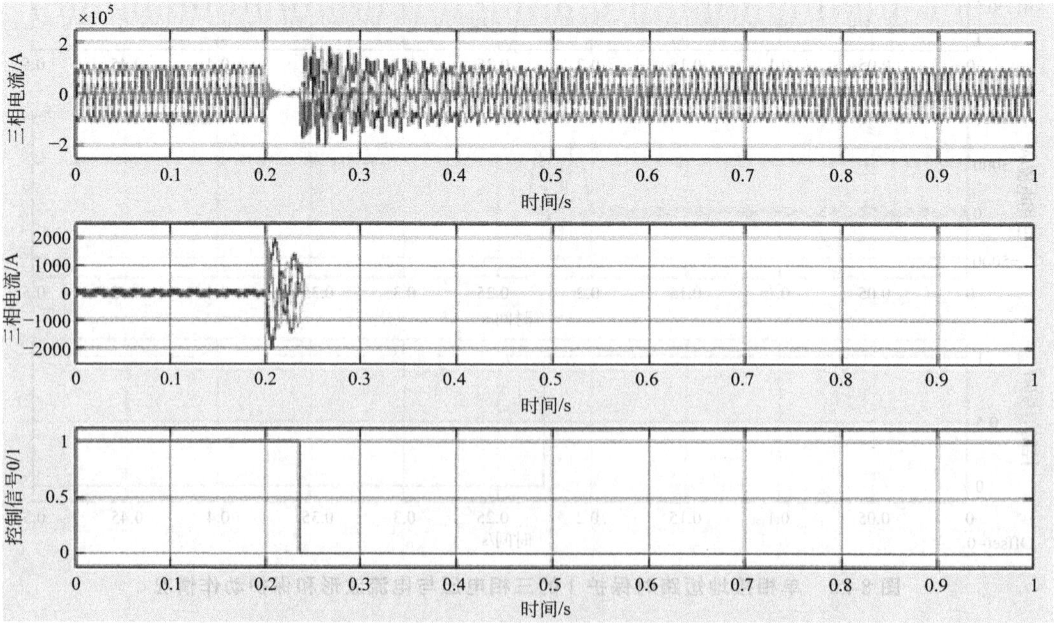

图 8-22　保护 2 的三相电压与电流波形和保护动作情况

由图 8-21 和图 8-22 可以看出，在线路 BC 的 20%处(即 k_2 点)发生三相短路故障时，短路点距离保护 2 安装处为线路 BC 的 20%，在保护 2 距离Ⅰ段的保护范围内，则在 k_2 点发生的三相短路能触发保护 2 的距离Ⅰ段保护，使保护 2 瞬时动作切除故障；由于短路点不在保护 1 距离Ⅰ段的保护范围内而在保护 1 距离Ⅱ段的保护范围内，又因保护 1 的距离Ⅱ段延时 0.5s 后才能动作，而此时故障早已被保护 2 切除，故线路 AB 上的保护 1 不动作，满足保护的选择性要求。

(4) 当 0.2s 时，在线路 BC 的末端 C 处(即 k_3 点)设置三相相间短路故障的情况下，经过保护 1 和保护 2 三段式距离保护的控制作用，运行仿真得到保护 1 和保护 2 的三相电压与电流波形、保护动作控制信号，如图 8-23 和图 8-24 所示。

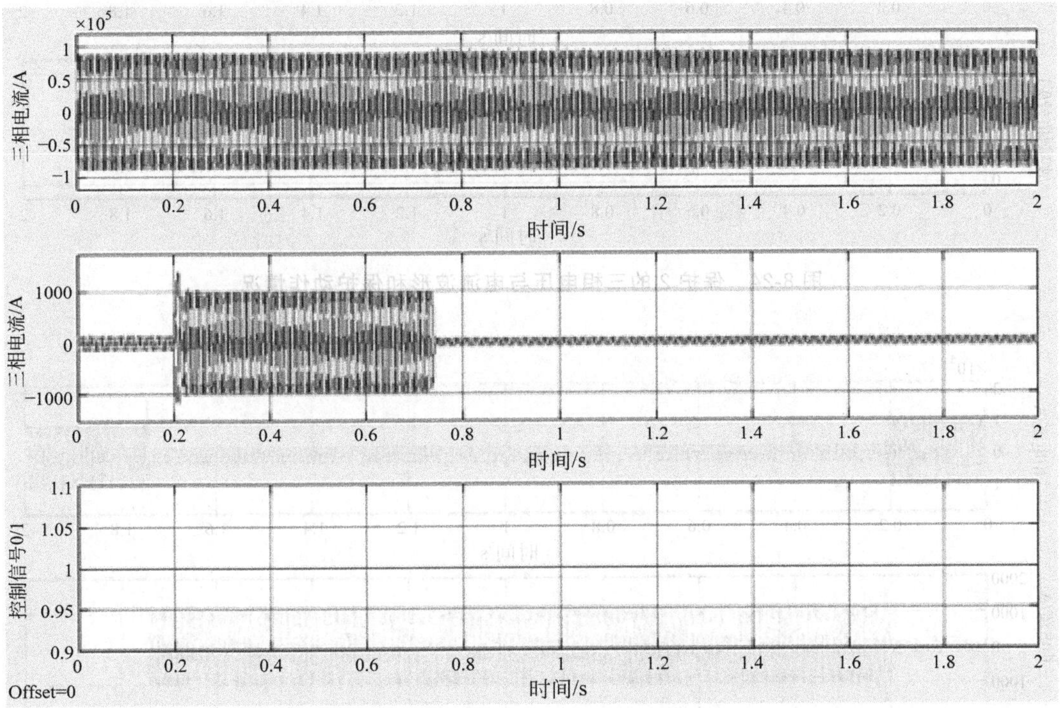

图 8-23　保护 1 的三相电压与电流波形和保护动作情况

由图 8-23 和图 8-24 可以看出，在 k_3 点发生三相短路故障时，短路点距离保护 2 安装处为线路 BC 的末端，在保护 2 距离Ⅱ段的保护范围内，则在 k_3 点发生的三相短路能触发保护 2 的距离Ⅱ段保护，使保护 2 在延时 0.5s 后动作切除故障。由于短路点不在保护 1 距离Ⅰ、Ⅱ段的保护范围内而在保护 1 距离Ⅲ段的保护范围内，又因保护 1 的距离Ⅲ段延时 1.5s 才能动作，而此时故障已被保护 2 切除，故线路 AB 上的保护 1 不动作，则保护 2 的距离Ⅱ段保护能够保护线路 BC 的全长。

在保护 2 拒动的情况下，经过三段式距离保护的控制作用，运行仿真得到保护 2 和保护 1 的三相电压与电流波形、保护动作控制信号，如图 8-25 和图 8-26 所示。

由图 8-25 和图 8-26 可以看出，在 k_3 点发生三相短路故障时，由于保护 2 拒动，短路点在保护 1 的距离Ⅲ段保护范围内，则在故障发生后延时 1.5s 保护 1 动作切除故障。通过 k_3 点故障情况分析可知，保护 1 的距离Ⅲ段保护可以作为本线路主保护的近后备保护和相邻

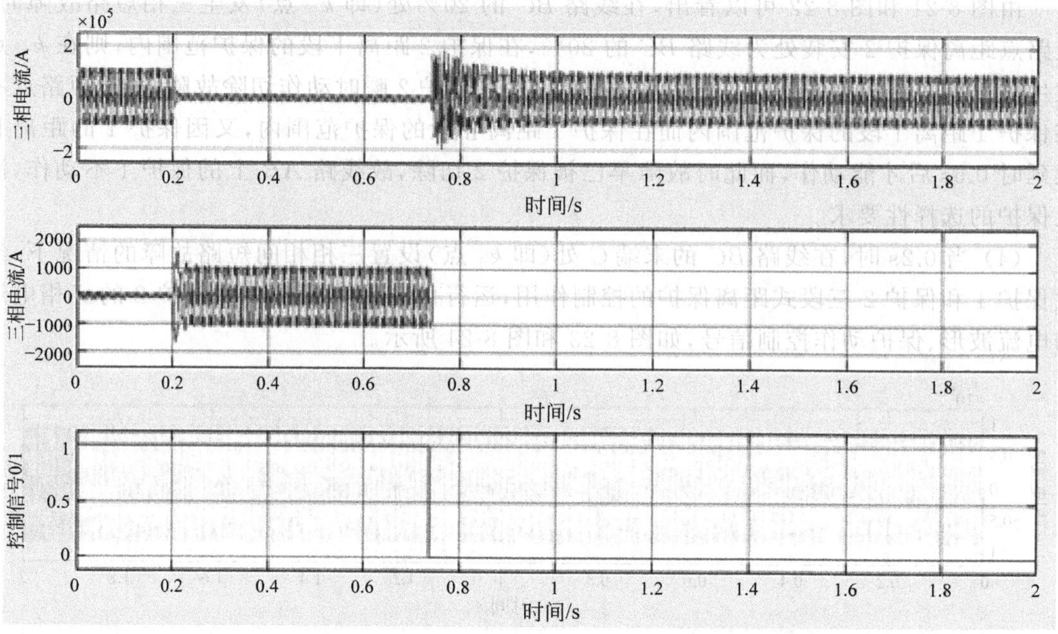

图 8-24　保护 2 的三相电压与电流波形和保护动作情况

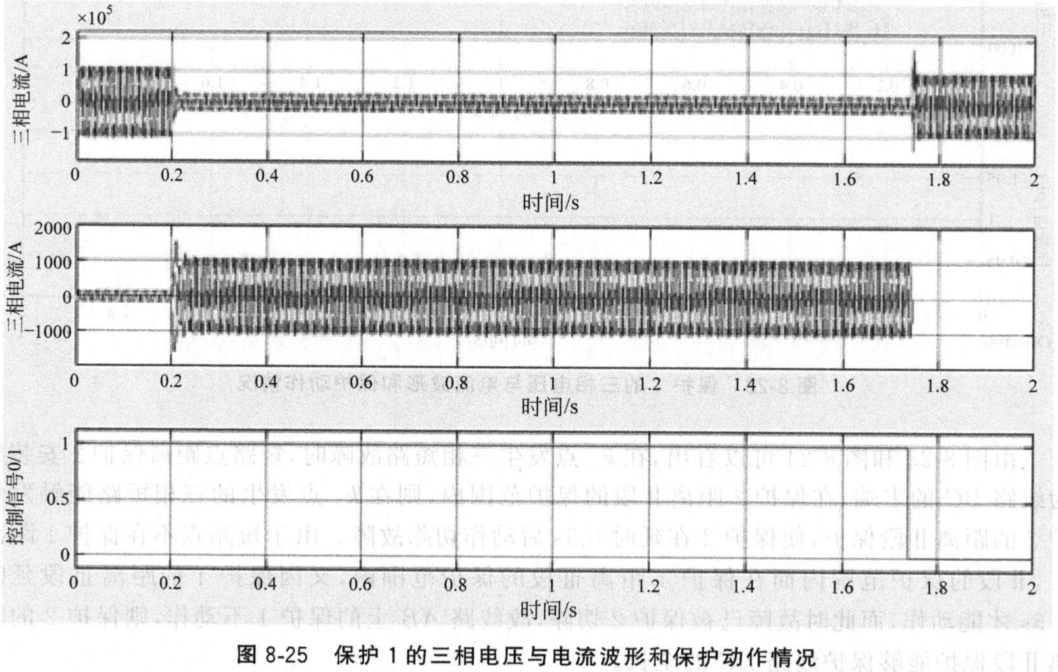

图 8-25　保护 1 的三相电压与电流波形和保护动作情况

线路的远后备保护，通过三段式距离保护起动阻抗整定值以及动作时限的配合保障了线路保护的可靠性。

通过以上仿真波形可以分析得出仿真波形与理论波形一致，可以确定非实时离线仿真模型在正常运行和短路故障的情况下都是正确的，则该三段距离控制逻辑算法是有效的，

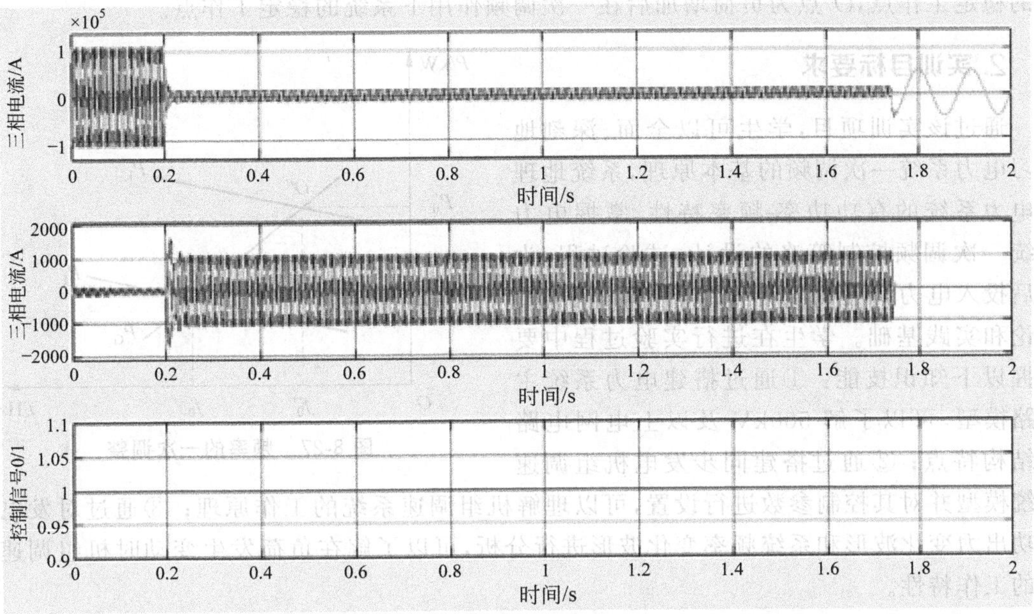

图 8-26　保护 2 的三相电压与电流波形和保护动作情况

根据理论教学中相关的计算公式得到的三段起动阻抗整定值、动作时限整定值及灵敏性校验都是准确的。

8.3　一次调频试验

8.3.1　项目简介

1. 原理介绍

当电力系统发生频率波动时，同步发电机的调速器控制作用和负荷的频率调节效应是同时进行的。由于发电机调速器是按照偏差负反馈原理构成的，所以为正调差，具有下倾的特性。也就是说，当电力系统频率下降时，同步发电机输出功率增加，同时，负荷在系统各机组间是按照机组调差系数的反比进行分配的，即发电机调差系 K_G 越小，发电机组分担的变动功率 ΔP 越大；反之则越小。另外，当电力系统频率下降时，负荷的频率调节也相应减少，这一特点有助于在电力系统频率变动时功率重新获得平衡。因为当系统负荷突然增大时，发电机组输出功率因调节系统的延时而不能及时跟上，电力系统频率必然下降，而负荷吸收功率的减少显然有助于功率的平衡。

电力系统中有许多台发电机组和不同类型的负荷，为了便于分析电力系统的频率，必须将所有发电机组和负荷(输电网络的损耗看成负荷的一部分)，分别等效为一个等效发电机组和等效负荷。同步发电机的调速器的调节作用即一次调节，频率的一次调整曲线如图 8-27 所示，图中，P_G 为等效发电机组的有功功率-频率特性，P_L 为负荷增加前负荷的有功功率-频率特性，P_L'为负荷增加后负荷的有功功率-频率特性，O'点为负荷增加前电力系统的稳定工作点，O''点为负荷增加后在一次调频作用下系统的稳定工作点。

2. 实训目标要求

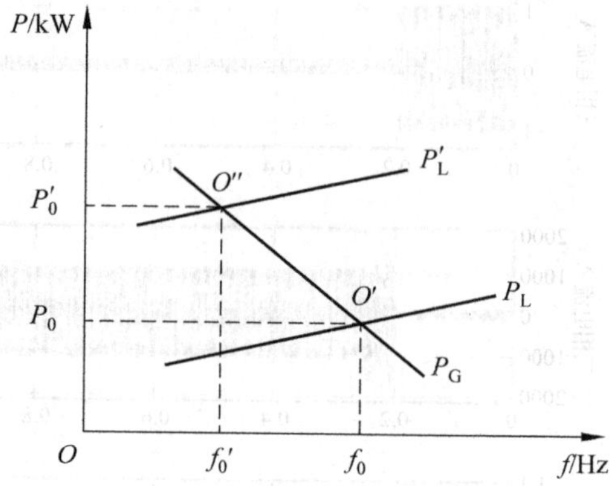

图 8-27　频率的一次调整

通过该实训项目，学生可以全面、深刻地学习电力系统一次调频的基本原理，系统地理解电力系统的有功功率-频率特性，掌握电力系统一次调频控制策略的设计、试验过程，为以后投入电力产业的设计和生产打下坚实的理论和实践基础。学生在进行实验过程中要掌握以下知识技能：①通过搭建电力系统主电路模型，可以了解 500kV 及以上电网电路的结构特点；②通过搭建同步发电机组调速系统模型并对其控制参数进行设置，可以理解机组调速系统的工作原理；③通过对发电机有功出力变化波形和系统频率变化波形进行分析，可以了解在负荷发生变动时机组调速系统的工作特性。

8.3.2　实训项目模型的搭建

1. 电网结构

实训案例为 6 机电力系统，电网为环网结构，输电网电压等级为 500 kV，本项目模型搭建如图 8-28 所示。

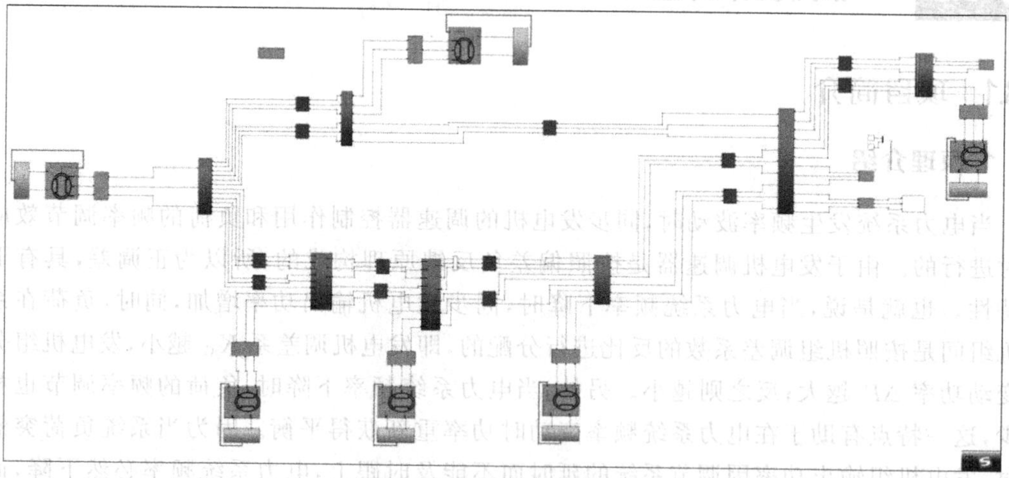

图 8-28　多机电力系统拓扑

2. 一次调频

一次调频由调速器完成，调速器是一种用于减小某些机器非周期性速度波动的自动调节装置。调速器原理就是当机组转速与设定值出现偏差时，可以做出相应的反应动作。在仿真模型中，调速器参数设置如图 8-29 所示。

值得注意的是，下垂系数决定了调速器的外特性。

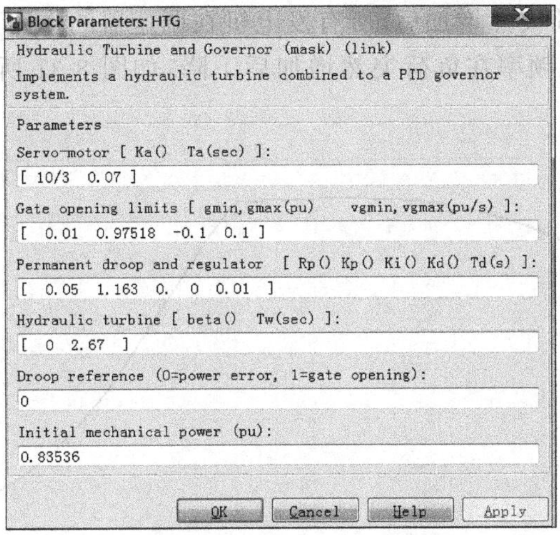

图 8-29 调速器参数设置

8.3.3 离线仿真实训结果分析

负荷突然增加后各发电机出力变化如图 8-30 所示。

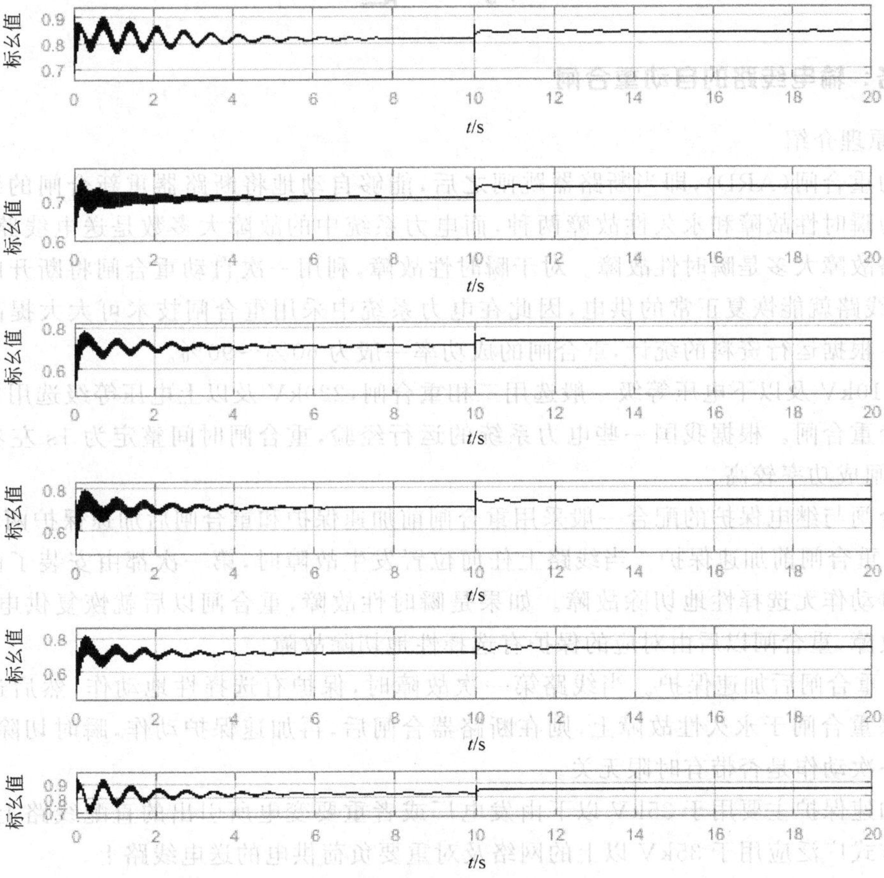

图 8-30 所有发电机有功出力变化

由图 8-30 可见，负荷突然增加后，所有发电机在调速器的作用下，出力都有增加。观察系统频率可以看出，系统频率在负荷突然增加后下降，如图 8-31 所示。正是这个原因才使得各发电机出力增加。

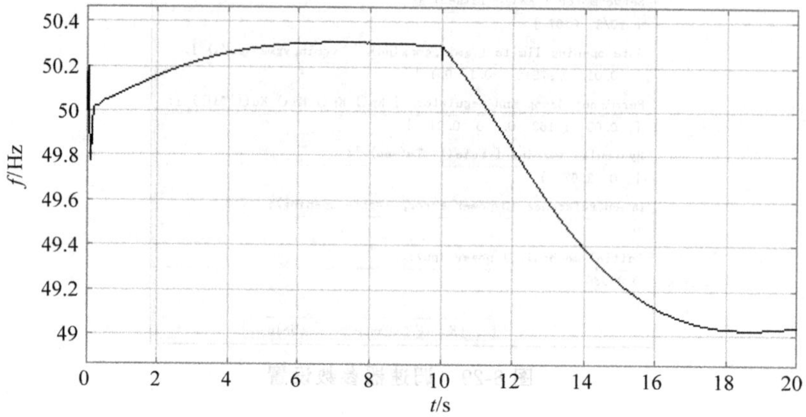

图 8-31 系统频率变化

习 题

任务：输电线路的自动重合闸

1）原理介绍

自动重合闸(ARD)，即当断路器跳闸之后，能够自动地将断路器重新合闸的装置。故障可分为瞬时性故障和永久性故障两种，而电力系统中的故障大多数是送电线路的故障，架空线路故障大多是瞬时性故障。对于瞬时性故障，利用一次自动重合闸将断开的断路器再合上，线路就能恢复正常的供电，因此在电力系统中采用重合闸技术可大大提高供电的可靠性。根据运行资料的统计，重合闸的成功率一般为 60%～90%。

在 110kV 及以下电压等级一般选用三相重合闸，220kV 及以上电压等级选用单相重合闸或综合重合闸。根据我国一些电力系统的运行经验，重合闸时间整定为 1s 左右较为合适，重合闸成功率较高。

重合闸与继电保护的配合一般采用重合闸前加速保护和重合闸后加速保护两种方式。

(1) 重合闸前加速保护。当线路上任何位置发生故障时，第一次都由安装了前加速的保护瞬时动作无选择性地切除故障。如果是瞬时性故障，重合闸以后就恢复供电；如果是永久性故障，重合闸以后由对应的保护有选择性地切除故障。

(2) 重合闸后加速保护。当线路第一次故障时，保护有选择性地动作，然后进行重合闸。如果重合闸于永久性故障上，则在断路器合闸后，再加速保护动作，瞬时切除故障，而且与第一次动作是否带有时限无关。

前加速保护主要用于 35kV 以下由发电厂或者重要变电所引出的直配线路上，后加速的配合方式广泛应用于 35kV 以上的网络及对重要负荷供电的送电线路上。

图 8-32 所示的单侧电源供电的 110kV 电力系统，线路中的保护采用三段零序电流保

护，在保护1处安装了自动重合闸，采用三相一次重合闸，重合闸与零序电流保护的配合方式为重合闸后加速保护方式，重合闸的时间整定为1s。在线路AB上(k点)发生瞬时性故障时，由保护1的零序Ⅰ段或零序Ⅱ段有选择性地切除故障，1s后重合闸起动重新恢复线路供电，保证了线路供电的可靠性；在线路AB上(k点)发生永久性故障时，首先仍由保护1的零序Ⅰ段或零序Ⅱ段有选择性动作，延时1s重合，此时保护处仍能检测到故障，则瞬时切除故障，满足保护的速动性。

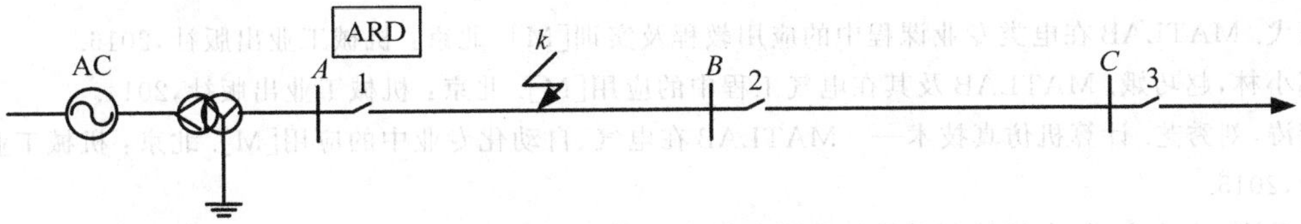

图8-32 网络接线图

2）实训目标要求

通过该试验项目，学生可以全面、深刻地学习输电线路自动重合闸的工作原理、重要性，系统地理解重合闸与其他保护配合的方式和过程，掌握有效的试验方法，并认识电力系统继电保护装置的研发、试验过程，为以后投入电力产业的设计和生产打下坚实的理论和实践基础。学生在进行试验过程中要掌握以下知识技能。

(1) 通过搭建电力系统主电路模型，可以了解110kV电网电路的设备参数、结构特点。

(2) 通过搭建保护逻辑控制算法电路模型，可以理解输电线路自动重合闸的控制逻辑算法，并且深刻认识电力系统中瞬时故障和永久故障对电力系统的影响以及应对方式。

(3) 通过断路器控制信号波形分析，可以了解在永久性故障和瞬时性故障状态下该保护电路的控制过程，验证保护逻辑控制算法的正确性。

参考文献

[1] 张晓江，黄云志. 自动控制系统计算机仿真[M]. 北京：机械工业出版社，2009.

[2] 张岳. MATLAB 程序设计与应用基础教程[M]. 2 版.北京：清华大学出版社，2016.

[3] 王忠礼，段慧达，高玉峰. MATLAB 应用技术——在电气工程与自动化专业中的应用[M]. 北京：清华大学出版社，2007.

[4] 曹弋. MATLAB 在电类专业课程中的应用教程及实训[M]. 北京：机械工业出版社，2016.

[5] 苏小林，赵巧娥. MATLAB 及其在电气工程中的应用[M]. 北京：机械工业出版社，2014.

[6] 隋涛，刘秀芝. 计算机仿真技术——MATLAB 在电气、自动化专业中的应用[M]. 北京：机械工业出版社，2015.

[7] 洪乃刚. 电力电子、电机控制系统的建模和仿真[M]. 北京：机械工业出版社，2010.

[8] 李国勇. 计算机仿真技术与 CAD——基于 MATLAB 的控制系统[M]. 4 版. 北京：电子工业出版社，2016.

[9] 李国勇. 计算机仿真技术与 CAD——基于 MATLAB 的电气工程[M]. 北京：电子工业出版社，2017.

[10] 薛定宇. 控制系统计算机辅助设计——MATLAB 语言与应用[M]. 3 版. 北京：清华大学出版社，2012.

[11] 于群，曹娜. MATLAB/Simulink 电力系统建模与仿真[M]. 北京：机械工业出版社，2011.

[12] 石良辰. MATLAB/Simulink 系统仿真超级学习手册[M]. 北京：机械工业出版社，2014.